Holger J. Bub

Verkaufswettbewerbe

Holger J. Bub

Verkaufswettbewerbe

Planung, Durchführung
und Erfolgskontrolle

GABLER

Bibliografische Information der Deutschen Nationalbibliothek
Die Deutsche Nationalbibliothek verzeichnet diese Publikation in der
Deutschen Nationalbibliografie; detaillierte bibliografische Daten sind im Internet über
<http://dnb.d-nb.de> abrufbar.

1. Auflage 2011

Alle Rechte vorbehalten
© Gabler Verlag | Springer Fachmedien Wiesbaden GmbH 2011

Lektorat: Barbara Möller

Gabler Verlag ist eine Marke von Springer Fachmedien.
Springer Fachmedien ist Teil der Fachverlagsgruppe Springer Science+Business Media.
www.gabler.de

Umschlaggestaltung: KünkelLopka Medienentwicklung, Heidelberg
Satz: workformedia, Mainz/Frankfurt am Main
Druck und buchbinderische Verarbeitung: MercedesDruck, Berlin
Gedruckt auf säurefreiem und chlorfrei gebleichtem Papier
Printed in Germany

ISBN 978-3-8349-2207-6

▌ VORWORT ▐

Planung, Durchführung und Erfolgskontrolle von Verkaufswettbewerben – das sind die zentralen Themen dieses Buches. Dabei geht es vor allem darum, zu zeigen, wie sich Verkaufswettbewerbe wirkungsvoll in den Vertriebsalltag integrieren und wie sich individuelle Unternehmensziele damit nachhaltig unterstützen lassen.

Es wird immer wieder behauptet, Verkaufswettbewerbe oder Incentives würden auf einer rein extrinsischen Motivation – also einer äußeren Anregung – beruhen und könnten deshalb keine wirkliche Motivation oder Leistungsanreize von innen heraus bewirken – sprich: Die intrinsische Motivation aus dem eigenen Antrieb der Teilnehmer würde fehlen. Die Schlussfolgerung ist häufig: Incentives bringen nichts, die kosten nur Geld! Die logische Fortsetzung davon könnte überspitzt lauten: Mitarbeiter bringen nichts, die machen bloß Ärger und kosten nur Geld ... Dieser Ansicht sei an dieser Stelle deutlich widersprochen! Natürlich sind Incentives kein Allheilmittel für schwächelnde Verkäufer, wohl aber ein entscheidendes Sahnehäubchen im harten Vertriebsalltag. Denn am Ende des Geschäftsjahres zählen die harten Fakten – und die dahinterstehende Performance lässt sich durch eine gezielte Motivation und die richtigen Incentive-Maßnahmen deutlich steigern. Die Schlussfolgerung sollte daher eher lauten: ohne Input keinen Output!

Vergleicht man Verkaufswettbewerbe mit den ältesten Wettbewerben der Menschheit – den Olympischen Spielen –, stellt man zudem erstaunliche Parallelen fest. Zum Beispiel beim 10 000-Meter-Lauf: Hier nimmt eine Vielzahl von Sportlern an einem von außen angeregten Wettbewerb teil, bei dem es darum geht, möglichst schnell zu laufen und das Rennen zu gewinnen bzw. gut ins Ziel zu kommen. Dabei spornt der extrinsische Impuls die Teilnehmer dermaßen an, dass sie genügend intrinsische Motivation entwickeln, um endlose Trainings zu absolvieren und ihr Bestes zu geben oder ihr Leistungspotenzial gar zu überschreiten. Ihr Ziel ist es, dabei zu sein und zu gewinnen!

Und genauso funktioniert auch ein guter Verkaufswettbewerb: Er schafft die äußeren Rahmenbedingungen, die die Teilnehmer von innen heraus durch Interesse an der Sache zu Höchstleistungen motivieren. In diesem Sinne eine motivierende Lektüre beim Erkunden der Welt der Verkaufswettbewerbe!

❙ INHALTSVERZEICHNIS ❙

Kapitel 5 – Wie sieht die richtige Systematik hinter einem Verkaufswettbewerb aus? _____ 51

Kapitel 1 – Eine kleine Begriffsbestimmung

Bevor es um den Verkaufswettbewerb im Speziellen geht, zum Einstieg ein kleiner Exkurs über verschiedene Begrifflichkeiten, die in diesem Zusammenhang immer wieder auftauchen.

Generell versteht man unter einem **Wettbewerb** das Streben von zwei oder mehr Personen bzw. Gruppen nach einem Ziel, wobei der höhere Zielerreichungsgrad der einen in der Regel einen geringeren Zielerreichungsgrad der anderen bedingt. Wettbewerbe gibt es im sportlichen oder kulturellen Bereich, aber auch im wirtschaftlichen Umfeld.

Eine Variante des Wettbewerbs ist der sogenannte **Verkaufswettbewerb**, der sich mit dem Ziel der Verkaufssteigerung im Allgemeinen an Händler, Verkäufer oder Vertriebsmitarbeiter richtet. Durch entsprechende Gewinnchancen wird eine große Teilnahme und eine entsprechende Umsatzsteigerung angestrebt. Letztere deckt im Idealfall nicht nur die Kosten für den Wettbewerb, sondern erbringt darüber hinaus auch Gewinn. Verkaufswettbewerbe sind häufig Teil eines Anreizsystems. Im Gegensatz zu einem Bonusprogramm, bei dem alle am Programm teilnehmenden Personen Punkte sammeln, die sie in Prämien aus einem Katalog eintauschen können, werden bei Verkaufswettbewerben in der Regel Ziele definiert und die besten Teilnehmer gewinnen eine Prämie.

Anreizsysteme (engl. incentive systems) bezeichnen die Gesamtheit der einem Individuum gewährten materiellen und immateriellen Anreize, die für den Empfänger einen subjektiven Wert bzw. Nutzen besitzen. Typisch für betriebliche Anreizsysteme sind unter anderem die bewusste Gestaltung und ihr Zielcharakter. Mit Anreizsystemen werden im betrieblichen Kontext im Wesentlichen drei parallele Ziele verfolgt: Verhaltenssteuerung, Motivation und Risikotransfer. Durch den bewussten Einsatz von Anreizen sollen die Ziele der Organisation und des Individuums in Einklang gebracht werden.

Bestandteile der Anreizsysteme sind die **Incentives**. Darunter versteht man Anreize wie Gutscheine, Geld- und Sachprämien, Veranstaltungen oder Reisen, die von Unternehmen eingesetzt werden, um im Rahmen verschiedener Maßnahmen - wie zum Beispiel Verkaufswettbewerben - Einzelpersonen (Kunden, Mitarbeiter oder Geschäftspartner) zu beeinflussen, zu motivieren oder zu belohnen. Das englische Wort „incentive" stammt von dem lateinischen Wort „incendere" und bedeutet so viel wie „Begeisterung anfachen".

KAPITEL 2 – WARUM EIGENTLICH VERKAUFSWETTBEWERBE?

2.1 Welche Unternehmen bzw. Branchen können Verkaufswettbewerbe einsetzen?

Im Zeitalter der Globalisierung und der damit einhergehenden Verlagerung und Veränderung von Produktions- und Vertriebsmärkten ergeben sich für viele Unternehmen neue Wachstumsmöglichkeiten; gleichzeitig hat dadurch in vielen gesättigten Märkten auch der Erfolgsdruck für die Firmen zugenommen. Es wird immer schwieriger, die geforderten Vertriebsleistungen sowie die Umsatz- und Gewinnziele zu erreichen. Kontinuierliche Anpassungen und Optimierungsprozesse sind entscheidend für einen nachhaltigen Erfolg – und wesentliche Voraussetzungen dafür sind klare Zielsetzungen und motivierte Mitarbeiter.

Der Vertriebsbereich einer Firma spielt in diesem Zusammenhang eine zentrale Rolle, da hier über die Behauptung und den Ausbau der aktuellen Marktposition der Vertriebs-/Handelsorganisation entschieden wird. Somit ist es nicht verwunderlich, dass immer mehr Unternehmen im Rahmen von sogenannten Verkaufswettbewerben gezielte Anreize für eine erfolgsorientierte und zielgerichtete Leistungssteigerung ihrer Vertriebsorganisation schaffen. Die Teilnehmer – Handelspartner und -vertreter, Fachhandelsverkäufer, Mitarbeiter aus dem Innen-/Außendienst, Telefonverkauf oder Kundendienst bzw. Aftersales – sollen dadurch angespornt werden und in der Folge bestimmte Vertriebsziele erreichen.

Unternehmensintern sind Wettbewerbe gleichzeitig ein wichtiger Bestandteil einer ganzheitlichen Personalpolitik zur Mitarbeitermotivation und Unternehmensbindung, da sich die Mitarbeiter durch die gebotenen Anreize und die im Erfolgsfalle damit verbundenen Anerkennungen gefördert und gefordert fühlen.

Grundsätzlich eignen sich Verkaufswettbewerbe daher für Unternehmen aus allen Branchen – wichtig ist vor allem, dass sich die gewünschten Ziele klar definieren lassen, eine grundsätzlich funktionierende Vertriebsorganisation vorhanden ist und sich die erzielten Leistungen messen lassen. Sind diese Voraussetzungen gegeben, lässt sich für jedes Unternehmen jeder Branche ein wirkungsvoller Verkaufswettbewerb konzipieren, der die Besonderheiten und Anforderungen des jeweiligen Wirtschaftszweigs berücksichtigt. Erfahrungsgemäß setzen besonders Unternehmen aus den Branchen Automobil, Finanzdienstleister, Banken & Sparkassen, Logistik, Telekommunikation, Hardware, Pharma sowie diverse Dienstleister auf Verkaufswettbewerbe.

2.2 Welche Effekte lassen sich mit Verkaufswettbewerben erzielen?

Verkaufswettbewerbe kommen in der Regel im Zusammenhang mit geplanten Absatzsteigerungen, dem Ausbau von Marktanteilen, der Förderung von Produkt-Neueinführungen sowie zur Mitarbeiterbindung und Motivation, aber auch zur emotionalen Bindung eines Händlers/Verkäufers an eine Marke zum Einsatz. Dabei bedienen sie sich eines einfachen Mechanismus, indem sie auf das natürliche Bedürfnis der Menschen nach Anerkennung und Belohnung setzen. Gerade bei den ohnehin erfolgsorientierten und in der Regel leistungsabhängig bezahlten Vertrieblern und Verkäufern funktioniert ein Wettbewerb sehr gut, um Ziele zu stecken, Leistungen einzufordern und Anreize zu bieten.

Motivation und Qualifikation durch Incentive-Maßnahmen sind Mittel zum Zweck - es geht darum, die Teilnehmer zu höherem Einsatz zu motivieren, sie durch Qualifikationsmaßnahmen zu besseren Ergebnissen zu befähigen und sie angemessen zu belohnen, wenn sie die gesetzten Ziele erreicht bzw. bestimmte Verkaufsschwerpunkte gesetzt haben. Für einen langfristigen Aktionserfolg ist eine präzise Definition der gewünschten Ziele von entscheidender Bedeutung, da sich nur so eine punktgenaue Abstimmung der Incentives und Verkaufswettbewerbe auf spezifische Produkte, einzelne Vertriebskanäle und zeitliche Vorgaben erreichen lässt. Die gewünschten Verkaufssteigerungseffekte lassen sich zudem durch den gezielten Einsatz von ergänzenden Schulungsmaßnahmen steigern - und führen damit gleichzeitig zu einer erhöhten Mitarbeiterqualifikation.

Neben dem Ziel der Erfolgssteigerung - messbar in Form des Umsatzes, Absatzes, Marktanteils, Anzahl der Neukunden etc. - kann ein Verkaufswettbewerb auch emotional positive Veränderungen herbeiführen. Dazu zählen die Stärkung des Gemeinschaftsgefühls im Team oder der Aufbau einer positiveren Beziehung zwischen Marke und Verkäufer oder zwischen dem Handel und dem Außendienst des Wettbewerbsveranstalters. Die messbare Steigerung des Umsatzes bzw. der Leistung der Teilnehmer steht allerdings immer im Vordergrund. Denn jedes Incentive muss so ausgelegt sein, dass die Teilnehmer durch seine bloße Existenz mehr verkaufen, als dies ohne den Wettbewerb der Fall wäre. In diesem Mechanismus liegen die Rechtfertigung und auch die Refinanzierungsoption für die Investitionen in eine solche Maßnahme.

2.3 Was können Verkaufswettbewerbe leisten und was nicht?

Eine wichtige Anmerkung gleich als Erstes: Verkaufswettbewerbe sind keine Allzweckwaffe oder die berühmte eierlegende Wollmilchsau, mit deren Einsatz sich alle Performance-Probleme eines Unternehmens auf einen Schlag lösen lassen. Verkaufswettbewerbe und die daraus resultierenden Incentives sind vielmehr die Krönung eines durchdachten Vertriebskonzepts in Kombination mit einer intelligenten Mitarbeiterführung. Man könnte auch sagen, Verkaufswettbewerbe sind wie die Sahne auf dem Erdbeerkuchen. Und zwar nur die Sahne – das bedeutet, wenn der Kuchen darunter nichts taugt, dann kann auch die Sahne nicht mehr zu Begeisterungsstürmen führen! Mit anderen Worten: Incentives sind kein Allheilmittel gegen alles, was in einer Organisation gerade nicht planmäßig läuft. Ein bislang nicht vorhandenes Teamgefühl lässt sich nicht durch einen Teamwettbewerb erzwingen – bevor dieser zum Einsatz kommt, müssen zunächst die grundsätzlichen Probleme im Zusammenspiel erkannt und behoben werden.

Verkaufswettbewerbe sind auch keine Wohlfühlmaßnahme, mit der den Mitarbeitern der Arbeitsalltag versüßt und für Entertainment gesorgt werden soll. Im Gegenteil: Mit Wettbewerben werden glasklare, taktische, verkaufsfördernde Ziele verfolgt. Das bedeutet, Wettbewerbe machen nur Sinn, wenn das durchführende Unternehmen auch genau definieren kann, was die Zielsetzung(en) des Wettbewerbs sein soll(en). Dies setzt eine klare Geschäftsstrategie, eine funktionierende Vertriebsorganisation, attraktive Produkte und eine gesunde Marktposition voraus. Oder um beim Bild des Erdbeerkuchens zu bleiben: Die Grundzutaten müssen stimmen und von guter Qualität sein – dann kann man den daraus entstandenen hochwertigen Kuchen durch die Zugabe von Sahne noch veredeln. Sind die

Produkte des Unternehmens fehlerhaft oder an den Bedürfnissen der Zielgruppe vorbeiproduziert, wird sich der Absatz auch mit einem Verkaufswettbewerb kaum steigern lassen. Denn so wie die Sahne ist der Verkaufswettbewerb letztlich das i-Tüpfelchen, das den Rahmen – bzw. die eingangs erwähnte extrinsische Motivation – schafft, in dem sich die Mitstreiter persönlich, also intrinsisch, angespornt fühlen müssen, um die vorgegebenen Ziele zu erreichen und damit die Ertragssituation ihres Unternehmens zu verbessern bzw. weiter zu steigern.

Welche Faktoren sprechen gegen Verkaufswettbewerbe?

Es gibt bestimmte Rahmenbedingungen, unter denen ein Unternehmen gar nicht erst über einen Verkaufswettbewerb nachzudenken braucht. Typische Faktoren, die gegen einen solchen Wettbewerb sprechen, sind beispielsweise ein per se schlechtes Produkt, eine beziehungstechnisch am Boden liegende Handelsorganisation, eine unter massiven Arbeitsplatzsorgen leidende Zielgruppe oder durch neue Prozesse, Verkaufsgebiete etc. verunsicherte Außendienstmitarbeiter. In diesen Fällen hilft auch der beste Verkaufswettbewerb nicht weiter. Ein Wettbewerb kann nur auf einem gesunden System aufbauen und dann auch Erfolge produzieren.

Ein weiterer Hinderungsgrund ist ein in sich generell nicht funktionierendes Verkaufsteam. In diesem Fall macht es ebenfalls keinen Sinn, einen Verkaufswettbewerb ins Leben zu rufen, sondern hier gilt es, zunächst durch Teambuilding und Change-Management-Prozesse eine solide Grundlage für eine funktionierende Vertriebsorganisation zu schaffen. Ansonsten riskiert man, dass der durch den Wettbewerb hervorgerufene Konkurrenzkampf das vielleicht ohnehin schon angegriffene Arbeitsklima weiter verschlechtert.

Der größte Hinderungsgrund für die Durchführung eines Verkaufswettbewerbs liegt aber in vielen Fällen in einer ganz banalen Tatsache: Die Unternehmen können keine klaren Ziele für die Teilnehmer definieren oder sind nicht in der Lage, die erzielten Umsätze zeitnah zu messen. Wenn das der Fall ist, erübrigen sich alle Gedanken an einen Verkaufswettbewerb von vornherein. Um bei dem bereits erwähnten Bild des olympischen Wettstreits zu bleiben: Man kann keinen 10 000-Meter-Lauf machen, ohne die zu laufende Strecke (= Verkaufsziel) zu definieren und die dafür benötigte Zeit (= erreichte Umsätze) zu messen!

Und den olympischen Gedanken „dabei sein ist alles" gilt es auch bei einem weiteren Aspekt zu berücksichtigen: dem Bewertungssystem. Bei einem Verkaufswettbewerb müssen alle Teilnehmer eine Gewinnchance haben – wenn immer nur die Allerbesten eine Chance auf den Sieg haben, ist ein Verkaufswettbewerb sinnlos und nur eine unnötige Kostenbelastung. Und last but not least muss ein Verkaufswettbewerb Bestandteil einer ganzheitlichen Vertriebsstrategie sein, das heißt, langfristig muss neben den Verkaufssteigerungen auch immer eine stabile Kundenbindung erreicht werden.

2.4 Ablaufdiagramm der Prozesse rund um einen Verkaufswettbewerb

Wenn man die Vor- und Nachteile eines Verkaufswettbewerbs abgewogen hat, wird man bei der Planung und Durchführung eines Wettbewerbs neben dem eigentlichen Zweck – der Umsatzsteigerung – mit vielfältigen Satelliten außerhalb des direkten Kerns der Maßnahme konfrontiert. Diese Themen müssen in die Prozesse der Kreation und Planung einbezogen werden. Dabei gilt es, jeden Bereich individuell zu betrachten und früher oder später bei der Konzeption bzw. Durchführung zu berücksichtigen. Auf der einen Seite stehen dabei die gesamten rechtlichen Aspekte wie das Gesetz gegen unlauteren Wettbewerb (UWG), die Bedürfnisse der Arbeitnehmervertreter sowie alles, was mit steuerlichen Angelegenheiten zu tun hat. Auf der anderen Seite gibt es den komplexen Bereich der Datengenerierung und der Datenverarbeitung bis hin zu den verschiedenen Kommunikationsmedien bzw. -kanälen.

Abbildung 2.1 Ablaufdiagramm der Prozesse rund um einen Verkaufswettbewerb

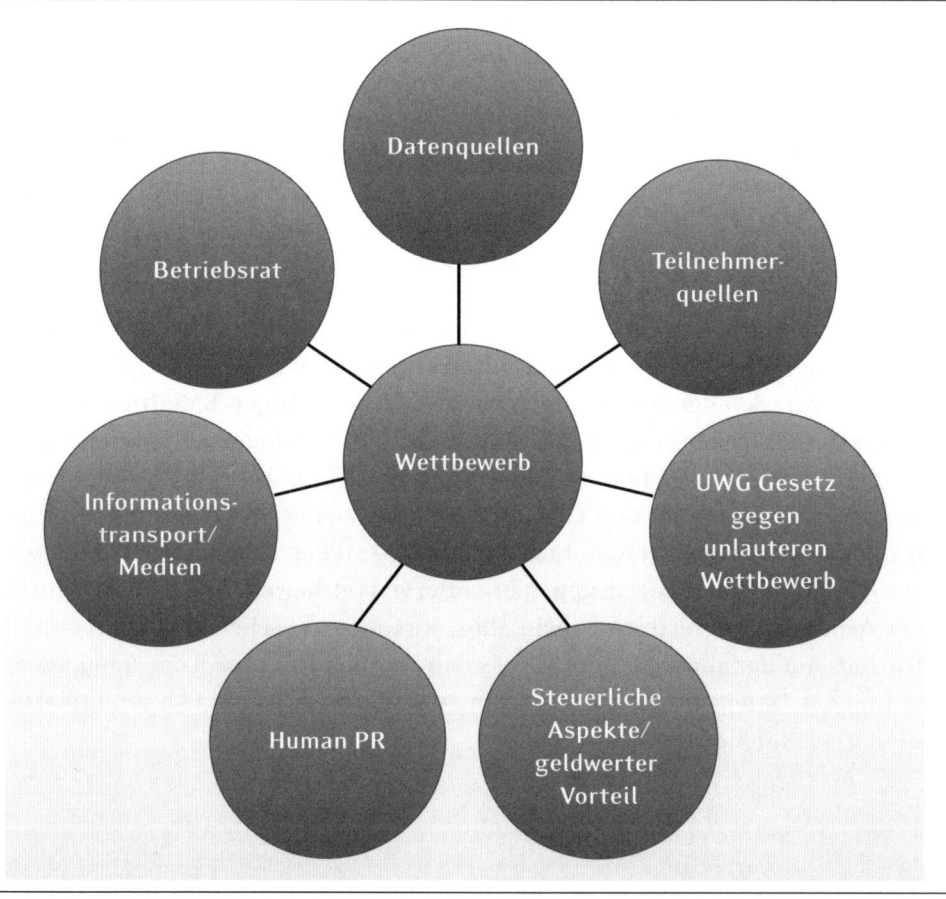

Kapitel 3 – Was ist im Vorfeld zu berücksichtigen?

3.1 Worum geht es generell bei einem Verkaufswettbewerb?

Das Kernziel eines Verkaufswettbewerbs lässt sich im Wesentlichen mit zwei Worten beschreiben: Es geht um mehr Leistung! Entscheidend ist dabei, dass jeder einzelne Teilnehmer eine Mehrleistung erbringt und nicht nur einige wenige. Nur wenn alle Teilnehmer durch den Verkaufswettbewerb zu einer Leistungssteigerung motiviert wurden, ist ein ganzheitlicher Erfolg möglich. In dieser durchgängigen Mitarbeiteraktivierung liegt auch die größte Herausforderung bei der Konzeption eines Verkaufswettbewerbs: jedem Einzelnen eine Gewinnchance zu geben und ein entsprechend vielfältiges Motivations- und Bewertungssystem zu entwickeln.

Ein guter Verkaufswettbewerb muss alle Mitarbeiter zu höherem Einsatz motivieren, sie durch begleitende Qualifikationsmaßnahmen zu besseren Ergebnissen befähigen und sie am Ende belohnen, wenn sie die gesetzten Ziele erreichen – nur dann ist eine nachhaltige Performance-Steigerung über alle involvierten Instanzen einer Organisation möglich. Dabei belohnen Wettbewerbe natürlich nicht die „normale" Leistung der Teilnehmer, sondern die besondere Performance. Entsprechend muss die Zielerreichung auch an überdurchschnittliche Leistungen geknüpft sein. Motivation und Qualifikation sind dabei Mittel zum Zweck: Der Teilnehmer muss das Gefühl haben, dass er es mit gezieltem Engagement auch schaffen kann, das geforderte Mehr an Leistung zu bringen.

Als zeitlich begrenzte taktische Verkaufsförderungsmaßnahme geht es bei einem Wettbewerb in erster Linie darum, gezielte Schwerpunkte und vertriebsorientierte Ziele zu setzen, um damit die Aufmerksamkeit der Teilnehmer auf spezielle Themen/Produkte zu lenken. Denn letztlich dreht sich ein Verkaufswettbewerb vor allem um Geld. Die Investitionen in den Wettbewerb und die damit verbundenen Belohnungen sollen im Endeffekt zu messbar mehr Umsatz führen. Daneben lassen sich über Wettbewerbe auch weitere Ziele erreichen – wie zum Beispiel:

- ▶ Verhaltensänderungen
- ▶ Umfassenderes Produkt-Know-how
- ▶ Verbesserung der Zusammenarbeit
- ▶ Stärkung des Teamgeists
- ▶ Prozessoptimierungen

Eine Integration dieser Sekundärziele in die Systematik eines Verkaufswettbewerbs ist allerdings erst dann sinnvoll, wenn das Primärziel „mehr Umsatz" messbar gemacht und die Maßnahme damit „revisionsfähig" ist.

3.2 Wie definiert man die Ziele eines Verkaufswettbewerbs richtig?

Um mit einem Verkaufswettbewerb die gewünschten Vertriebserfolge zu erzielen, muss man die zu erreichenden Ziele präzise avisieren. Die erste und wichtigste Frage lautet deshalb: „Was genau wollen wir mit dem Verkaufswettbewerb für unser Unternehmen erreichen? Geht es um mehr Umsatz? Oder um höhere Marktanteile? Oder um neue Kunden?" Das entscheidende Wort bei dieser Aufzählung ist *oder*! Denn ein Verkaufswettbewerb ist keine weihnachtliche Wunschlisten-Maßnahme, in die sich beliebig viele Ziele integrieren lassen. Das Unternehmen muss im Vorwege definieren, was sein wichtigstes Ziel ist bzw. welches Ziel sich am besten mit Zahlen untermauern lässt. Und genau darauf sollte sich die Hauptwertung des Wettbewerbs beschränken. Weitere harte und weiche Ziele lassen sich als Zwischen- oder Sonderwertungen integrieren.

Ein guter Verkaufswettbewerb beschränkt sich nicht nur in der Anzahl, sondern auch in der Höhe der Ziele: Es gilt, erreichbare Vorgaben zu setzen. Denn niemand streckt sich nach der Decke, wenn von vornherein klar ist, dass er es nicht schaffen kann. Wenn die Ziele zu hoch sind bzw. nicht transparent genug argumentiert werden, wird kein Teilnehmer mitmachen und den Versuch starten, diese zu erreichen. Denn die Nachvollziehbarkeit der Zielsetzungen spielt eine wichtige Rolle. Ein Mitarbeiter, der nicht erkennen kann, wie seine Ziele ermittelt wurden, wird auch nicht einschätzen können, wie und ob er diese erreichen kann. Deshalb müssen Incentive-Ziele mit den allgemeinen Vorgaben bzw. der aktuellen Marktsituation konform gehen. Sieht die Jahreszielvereinbarung als Ziel 110 Prozent des Vorjahresumsatzes vor, sollte ein Wettbewerbsziel nicht plötzlich 150 Prozent betragen. Oder wenn sich das durchführende Unternehmen in einem stark schrumpfenden Markt befindet, wäre es eher kontraproduktiv, in einem Wettbewerb exorbitante Steigerungen zu fordern.

Zu guter Letzt muss bei der Zieldefinition darauf geachtet werden, dass die unterschiedlichen Leistungslevel der Teilnehmer (Top-Performer/Performer/Under-Performer) vergleichbar gemacht werden und jeder seinem Leistungsvermögen entsprechende Gewinnchancen eingeräumt bekommt. Ansonsten riskiert man, dass Neulinge oder schwächere Vertriebsmitarbeiter von vornherein demotiviert sind und eine Teilnahme am Wettbewerb für sinnlos halten.

Beispiele für harte Zielsetzungen

Harte Zielsetzungen lassen sich in Form einer exakten quantitativen Angabe messen, das heißt, ihnen können eindeutige Zahlenwerte zugeordnet werden. Diese absolut wie relativ fixierbaren Vorgaben können eine Gewinnsteigerung um x Prozent sein oder Mengeneinheiten als Bezugsbasis haben, beispielsweise eine Steigerung der abverkauften Teile um x Stück. Neben der Bezugsgröße gibt es auch immer einen Bezugszeitraum wie Vormonat oder Vorjahr. Anders als bei qualitativen Zielen lässt sich bei quantitativen Zielen auch ein sogenannter „Zielerreichungsgrad" definieren, also der Prozentsatz, zu dem eine Zielvorgabe erreicht oder verfehlt wurde.

Harte Ziele sind zum Beispiel:

▶ Steigerung von Umsatz/Absatz
▶ Sicherung von Umsatz/Absatz
▶ Distributionsaufbau
▶ Erhöhung der Kundenkontakte/-besuche
▶ Neukunden-Akquise
▶ Altkunden-Reaktivierung
▶ Senkung der Stornoquote
▶ Verbesserung der Produkt-Platzierungen
▶ Erhöhung des Marktanteils
▶ Veränderung der Verkaufsschwerpunkte in der Sorten-Struktur
▶ Zusatzverkäufe

Beispiele für weiche Zielsetzungen

Weiche Zielsetzungen sind qualitative Ziele, die im Gegensatz zu den harten Zielen deutlich schwieriger zu definieren und zu messen sind, da sich ihnen oftmals keine konkreten Zahlenwerte - schon gar nicht auf Personenebene - zuordnen lassen. Sie beschreiben eine nicht quantifizierbare Veränderung zwischen Ist- und Soll-Zustand. Trotz dieses nicht quantifizierbaren Charakters müssen Bewertungskriterien definiert werden, die eine Operationalisierung - also eine Messbarkeit - im Rahmen des Wettbewerbs zulassen, beispielsweise in Form von Skalierungen oder durch die Einführung von dafür geeigneten Kennzahlen wie eines Kundenzufriedenheitsindex oder einer Reklamationsquote.

Als weiche Ziele können gelten:

▶ Imageverbesserung
▶ Erhöhung der Besuchsfrequenz
▶ Steigerung der Kundenzufriedenheit
▶ Verbesserung der Teamkommunikation
▶ Stärkung der Kundenorientierung
▶ Optimierung der Auftragsabwicklung
▶ Intensivierung von Schulungsteilnahmen
▶ Prozessoptimierungen
▶ Systematisierung der Daten-Pflege

Checkliste für Zielsetzungen

Die Erfahrung zeigt, dass es in einem Wettbewerb immer harte Ziele geben sollte. Ergänzend können zudem auch weiche Ziele integriert werden, sie sollten aber nicht das alleinige Kriterium sein. Warum? Erstens kostet ein Wettbewerb Geld; daher sollte er auch einen entsprechenden Geldrückfluss bringen. Zweitens bieten konkrete, messbare harte Ziele bessere Motivationshebel als softe Faktoren.

Auch die Kombination mehrerer Ziele ist durchaus vertretbar, solange daraus kein „Rundumschlag" wird, sondern klar zwischen Hauptziel und Zwischen- bzw. Sonderzielen unterschieden wird. Bei zu vielen Vorgaben gehen Transparenz und Übersicht verloren; in der Folge wissen die Teilnehmer dann nicht mehr, wofür sie eigentlich „kämpfen" sollen - und damit wäre die Wettbewerbsidee ad absurdum geführt.

! PRAXISTIPP:

Nachfolgend noch einmal die wesentlichen Kriterien, die bei der Definition von Zielen für einen Verkaufswettbewerb beachtet werden sollten:

- ▶ Eindeutige Zieldefinition, also klare Fokussierung auf das zentrale harte Ziel. Ergänzende weiche Ziele bei Bedarf als Zwischen- oder Sonderwertungen integrieren.

- ▶ Erreichbare Vorgaben: Die Ziele sollen zwar zur Mehr-Leistung motivieren, müssen aber auch realistisch erreichbar sein.

- ▶ Ganzheitliche Aktivierung aller Teilnehmer: Alle Leistungslevel müssen in dem Wettbewerb eine Gewinnchance haben.

- ▶ Klare Rahmenbedingungen: Die Zeitdauer des Verkaufswettbewerbs und damit der Zeitrahmen für das Erreichen der definierten Ziele muss eindeutig festgelegt sein.

- ▶ Transparentes Bewertungssystem: Die Teilnehmer müssen nachvollziehen können, wie die einzelnen Schritte bei der Zielerreichung gemessen werden und in welcher Form sie dafür belohnt werden (z. B. Bonuspunkte etc.).

- ▶ Offene Kommunikation: Das Konzept hinter einem Verkaufswettbewerb sollte allen Beteiligten verständlich und offen kommuniziert werden und es müssen feste Ansprechpartner für Rückfragen oder bei Unklarheiten – zum Beispiel im Zusammenhang mit dem Bewertungssystem – zur Verfügung stehen.

3.3 Wie lassen sich das notwendige Budget und die langfristigen Effekte kalkulieren?

Ein Verkaufswettbewerb samt allen dazugehörigen Maßnahmen ist für ein Unternehmen mit entsprechenden Investitionen verbunden, von denen es sich in der Folge auch einen entsprechenden Rückfluss erhofft: Wie bei jeder seriös geplanten unternehmerischen Entscheidung müssen auch bei einem Verkaufswettbewerb Aufwand und Gewinn in einem gesunden Verhältnis stehen. Aus diesem Grunde sollten im Vorfeld auf jeden Fall die eingesetzten Kosten den erwarteten (Umsatz-)Effekten gegenübergestellt werden, um unrealistische Erwartungen und böse Überraschungen von vornherein zu vermeiden.

Kosten-Nutzen-Analyse

Der übliche Ansatz in diesem Zusammenhang ist die Durchführung einer Kosten-Nutzen-Analyse. Mithilfe dieses Instruments lässt sich bestimmten, ob das Ergebnis (also der Nutzen) einer Aktion deren Aufwand (nämlich die Kosten) rechtfertigt. Vor dem eigentlichen Start des Wettbewerbs kann mit einer Kosten-Nutzen-Analyse dessen Wirtschaftlichkeit überprüft werden, indem alle voraussichtlich anfallenden Kosten, der wahrscheinliche Nutzen und die möglichen Einnahmen zueinander ins Verhältnis gesetzt werden. So kann dann die ideale Wettbewerbskonzeption erarbeitet werden, die das Ziel des Unternehmens am besten erfüllt und gleichzeitig in einem vertretbaren Kostenrahmen bleibt.

Voraussetzung für die Durchführung einer solchen Analyse ist eine abgeschlossene Zieldefinition, in der die gewünschte Entwicklung vom Ist- zum Soll-Zustand skizziert und in der vor allem festgelegt wurde, welches Plus (z. B. beim Umsatz) der Verkaufswettbewerb bringen soll.

Dem erwarteten Zusatzgewinn stehen im Falle eines Verkaufswettbewerbs in der Regel folgende Posten auf der Kostenseite gegenüber:

▶ Konzeption der Maßnahme,
▶ Produktion der Aktionsmittel,
▶ Aufwand für die Durchführung,
▶ Betreiben einer Datenbank,
▶ Einrichtung einer Website,
▶ Datenhandling,
▶ Aufwände für Prämien, Incentive-Reisen etc.,
▶ Steuern.

Auf dieser Grundlage lassen sich für den Wettbewerbszeitraum nun verschiedene Rechen- und Analysemodelle durchführen. Anschließend kann durch das gezielte Verändern einzelner Komponenten in der Gleichung – zum Beispiel Reduktion der Kosten für die Produktion der Aktionsmittel – das gewünschte Gleichgewicht zwischen Aufwänden und Erträgen erreicht werden.

Beispiel für eine Momentbetrachtung

Abbildung 3.1   Beispielrechnung für eine Momentbetrachtung

Beispiel der Momentbetrachtung

Umsatzplan	
Laufender Umsatzplan	20.000.000 €
Incentive-Ziel = 10 % Plus	2.000.000 €
Erwartete Marge (20 %)	400.000 €
Investitionen	
Wettbewerbsbetreuung/Kommunikation	70.000 €
Prämienbudget	150.000 €
Aktionsertrag	**180.000 €**

Bei der Momentbetrachtung werden auf Basis des laufenden Umsatzplans das Incentive-Ziel und die erwartete Marge errechnet. Davon werden dann die Investitionskosten in Abzug gebracht, sodass sich im hier gezeigten Beispiel auf den ersten Blick ein Aktionsertrag von 180 000 Euro ergibt. Diese Betrachtung greift allerdings zu kurz, da sie sich nur auf den aktuellen Augenblick bezieht. Ein erfolgreicher Verkaufswettbewerb wirkt aber nicht nur für den Moment, sondern hat langfristige Auswirkungen, die anhand verschiedener Aspekte sichtbar werden:

▶ So haben die während des Wettbewerbs erlernten Einstellungen und Verhaltensweisen Bestand, das heißt, das Leistungs-Bewusstsein, die Art der Verkaufsargumentation und die Verhaltensweisen der Mitarbeiter verändern sich dauerhaft.

▶ Im Wettbewerb gewonnene Neukunden sorgen weiterhin für Umsätze.

▶ Eine emotionalere Beziehung zum Handel oder zum Fachhandelsverkäufer erleichtert auch zukünftig die Zusammenarbeit.

▶ Bessere Regal-Platzierungen gehen nach dem Wettbewerb nicht automatisch wieder verloren.

▶ Optimierte Abläufe und eine intensivere Kommunikation im Team erzielen permanente Synergie-Effekte.

Damit beeinflusst ein Verkaufswettbewerb Umsatz, Absatz und Gewinn auch über den Wettbewerbszeitraum hinaus positiv – denn selbst wenn die Leistungskurve nach dem Ende des Wettbewerbs in der Regel wieder etwas abflacht, stabilisiert sie sich doch erfahrungsgemäß auf einem höheren Niveau als vor Durchführung des Wettbewerbs. Aus diesem Grund muss eine umfassende Kosten-Nutzen-Analyse auch diese nachhaltigen Effekte mit berücksichtigen.

Beispiel für eine Zukunftsbetrachtung

Eine professionelle Kosten-Nutzen-Rechnung für einen Verkaufswettbewerb bezieht daher den sogenannten Zukunftsfaktor mit ein:

Abbildung 3.2 Beispielrechnung für eine Zukunftsbetrachtung

Beispiel mit Zukunftsbetrachtung

Umsatzplan	
Laufender Umsatzplan	20.000.000 €
Incentive-Ziel = 10 % Plus	2.000.000 €
Erwartete Marge (20 %)	400.000 €
Investitionen	
Wettbewerbsbetreuung/Kommunikation	70.000 €
Prämienbudget	150.000 €
Aktionsertrag I	**180.000 €**
Der zukünftige Umsatz bleibt auf einem Niveau von plus 3 % = Margenplus in Zukunft	120.000 €
Aktionsertrag II	**300.000 €**

In diesem Beispiel wird dem Aktionsertrag I aus der Momentbetrachtung das erwartete Margenplus aufgrund der nachhaltigen Wirkung des Verkaufswettbewerbs hinzugerechnet. Der sich daraus ergebende Aktionsertrag II zeigt dann die langfristigen Erträge aus dem Verkaufswettbewerb – in der aus der Praxis abgeleiteten Beispielrechnung sind diese dann um 60 Prozent höher als in der Momentbetrachtung!

Diese Zukunftsbetrachtung wird den grundsätzlich langfristig angelegten Zielsetzungen eines Verkaufswettbewerbs deutlich besser gerecht als die Momentaufnahme, denn ein guter Verkaufswettbewerb ist immer auf Nachhaltigkeit ausgerichtet. Daher sollte dieser Aspekt auch in der Kosten-Nutzen-Anlayse angemessen berücksichtigt werden.

Kapitel 4 – Welche Zielgruppen kommen in Betracht?

Grundsätzlich bestimmen die Zielsetzungen des Unternehmens, welche Personen bzw. Abteilungen oder Vertriebsinstanzen in den Verkaufswettbewerb einbezogen werden. Die entscheidende Frage für die verantwortlichen Entscheidungsträger lautet daher: „Welche Mitarbeiter oder Partner müssen wir integrieren, um unsere definierten Ziele zu erreichen?"

Abhängig von den jeweiligen Zielsetzungen und den damit verbundenen Personen sind die nachfolgenden Gruppen denkbare Teilnehmer eines Wettbewerbs:

▶ Handelspartner,
▶ Handelsvertreter,
▶ Fachhandelsverkäufer/Filialleiter,
▶ Außendienst,
▶ Innendienst,
▶ Telefon-Verkauf,
▶ Kundendienst/Aftersales.

Es ist keinesfalls so, dass nur Personen aus einer dieser Gruppen als potenzielle Teilnehmer in Frage kommen – im Gegenteil. Viel zu selten werden bei der Zielgruppenauswahl die vorhandenen Kombinationspotenziale genutzt und ein Blick über den Tellerrand des Verkaufs gewagt. Dabei macht es in vielen Fällen durchaus Sinn, nicht nur die direkt am Verkauf beteiligten Mitarbeiter anzusprechen, sondern auch die indirekt am Vertriebsprozess beteiligten Abteilungen miteinzubinden. So kann beispielsweise ein ganzheitlicher Wettbewerbsansatz für Verkäufer, Kundendienst und Telesales überraschende Möglichkeiten für die Zielerreichung eröffnen, da gleich an mehreren Stellen motivierend auf den Vermarktungsprozess eingewirkt werden kann.

Ein weiterer wichtiger Aspekt bei der Auswahl der in Betracht kommenden Zielgruppen ist die Einbeziehung der verschiedenen Hierarchien einer Verkaufsorganisation. Wie dieses im Einzelfall aussehen kann, zeigt das nachfolgende Beispiel: Ein Unternehmen führt einen Verkaufswettbewerb für seine Fachhandelsverkäufer durch. Um eine ganzheitliche Wirkung zu erzielen, bietet es sich an, darüber hinaus die Außendienstmitarbeiter – die die Fachhandelsverkäufer betreuen – ebenfalls einzubinden. Als generelle Bewertungsgrundlage wird die Leistung der am Wettbewerb teilnehmenden Fachhandelsverkäufer herangezogen. Wird darüber hinaus nun noch die Leistung der Außendienstmitarbeiter durch eine entsprechende Rangreihe der für sie verantwortlichen Führungskräfte abgebildet, sind alle in den Vertriebsprozess eingebundenen Instanzen auch im Wettbewerb berücksichtigt – und das sorgt für eine ganzheitliche Vertriebsaktivierung.

4.1   Im Unternehmen

In einem Unternehmen sind Verkaufswettbewerbe nicht nur ein Mittel, um die Mitarbeiter zu mehr Leistung zu motivieren und so die Umsatz- und Ertragslage zu optimieren, sondern sie sind vielfach auch Teil der Personalpolitik, da die Mitarbeiter auf diesem Wege gezielt gefördert und gefordert werden.

Außendienst

Die Außendienstmitarbeiter eines Unternehmens vertreten ihre Firma gegenüber den Kunden und sind als Verkaufspersonal unmittelbar in den Abverkauf involviert. Ihr Einkommen ist in der Regel umsatzabhängig und richtet sich damit nach ihrem Verkaufserfolg. Außendienstmitarbeiter sind daher neben Händlern oder Verkäufern im Handel die prädestinierte Zielgruppe für Verkaufswettbewerbe. Dabei können die Unternehmen die Wettbewerbskriterien für diese Personengruppe sehr gut steuern, da sie direkten Zugriff auf alle Daten ihres Außendiensts und die Führungshoheit über die hier arbeitenden Mitarbeiter haben. Darüber hinaus sind die Unternehmen für die Zielsetzungen ihres Außendiensts selbst verantwortlich und bestens mit dessen Marktchancen vertraut. Damit sind ideale Voraussetzungen für eine effektive Durchführung eines Verkaufswettbewerbs mit konkreten Zielen gegeben.

Vor allem aber können Unternehmen mit Wettbewerben für den Außendienst qualifizierte Mitarbeiter in diesem Bereich fördern, motivieren und an sich binden. In den aktuell hart umkämpften Märkten sind dies essenzielle Gründe, da ein erfahrenes und engagiertes Außendienstteam einen entscheidenden Wettbewerbsvorteil gegenüber Konkurrenten darstellt. Gerade im Außendienst kommt es neben dem Verkaufstalent entscheidend auf das nachhaltige Engagement und die Begeisterung für das Unternehmen und seine Produkte an – und diese Eigenschaften lassen sich durch einen Verkaufswettbewerb gezielt unterstützen.

Ein anschauliches Beispiel für einen Verkaufswettbewerb, der genau diese Effekte hervorgerufen hat, ist der nachfolgende Case – seines Zeichens das erfolgreichste Team-Incentive aus der 20-jährigen Wettbewerbserfahrung des Autors. Der Wettbewerb war nicht nur extrem spannend und hoch kommunikativ, sondern vor allem in puncto Engagement der Teilnehmer unübertroffen. Besonders bemerkenswert ist, dass dieser Wettbewerb auch gänzlich ohne materielle Prämien funktioniert hätte – so sehr hatte der extrinsische Motivationsimpuls die intrinsische Begeisterung geweckt!

Beispiel für einen Außendienstwettbewerb

Branche des Kunden:	Eingesetzte Maßnahme:
Pharma-Unternehmen	Verkaufswettbewerb für den Außendienst
Zielgruppe/Teilnehmeranzahl:	**Laufzeit:**
Außendienst 100 Pharmareferenten aus zwölf Verkaufsgebieten	insgesamt neun Monate
Zielsetzung(en) der Maßnahme:	**Bewertungssystem:**
Ausbau der Marktposition durch gesteigerte Vertriebsaktivitäten; effektive Motivation des Außendiensts	Teamwettbewerb „Liga-System" mit monatlich wechselnden Zielvorgaben

Idee/Motto:
Entwicklung einer anspornenden, teamorientierten Wettbewerbsidee in Kombination mit verkaufsorientierten Zielsetzungen und kommunikativen Elementen – die sogenannte
Champions League.
Im Mittelpunkt des an die Fußball-Welt angelehnten Konzepts stand neben der Förderung des Teamgeists als Ansporn zu persönlichen Höchstleistung vor allem der Motivationsaufbau für ein verstärktes Vertriebsengagement. Die langfristige Anlage des Wettbewerbs ermöglichte eine ganzheitliche und nachhaltige Stimulanz des Außendiensts.

Umsetzung:

Die Außendienstler des Pharmakonzerns traten in zwölf Teams – passend zu den zwölf Verkaufsgebieten – an und kämpften im Rahmen ihrer Vertriebsaktivitäten um den Meistertitel. Wie im Fußball spielten immer zwei Teams gegeneinander, wobei sich das Spiel in Form der Vertriebsaktivitäten über einen Monat erstreckte.

Das Team mit der besten Zielerreichung im jeweiligen Monat – gemessen an den monatlich wechselnden Wertungskriterien – wurde zum Sieger der Begegnung erklärt (Sieger drei Punkte, Verlierer null Punkte, Unentschieden jeder einen Punkt). Nach sechs Monaten waren die sechs Spiele zur Entscheidung über die Teilnehmer des Halbfinales absolviert, es folgten das Spiel um Platz 3 und das Endspiel.

Die Teams gaben sich selbst ausgedachte Teamnamen.

Wertungskriterien:

Die Wertungskriterien wechselten monatlich, u. a. zählten dazu:

▶ Absatzsteigerung in Prozent gegenüber Vormonat,

▶ die Steigerung Marktanteil gegenüber Vorjahr,

▶ die prozentuale Umsatzsteigerung gegenüber Vormonat sowie

▶ die absolute Umsatzsteigerung gegenüber Vormonat.

Zusätzlich wurde ein Tipp-Spiel durchgeführt, bei dem alle Teilnehmer die Ergebnisse der gesamten Begegnungen tippen konnten. So blieb der Wettbewerb auch für die nach der Vorrunde ausgeschiedenen und die spielfreien Teams interessant. Im Rahmen des Tipp-Spiels traten ebenfalls die zwölf Teams gegeneinander an.

Eingesetzte Prämien:

Nach Abschluss der Champions League konnte das Siegerteam aus dem Finale eine dreitägige Reise in die europäische Metropole Madrid antreten und dort als Highlight ein Champions-League-Spiel besuchen.

Das Vizemeister-Team erhielt eine Prämie in Höhe von 3 000 Euro und das drittplatzierte Team 1 500 Euro.

Die Teams mit den besten Tipps im Rahmen des Tipp-Spiels erhielten als Belohnung eine Teamprämie in Höhe von 1 500 Euro.

Eingesetzte Kommunikationsmaßnahmen:

Die Teilnehmer wurden während der gesamten Wettbewerbslaufzeit mit einem monatlichen, **personalisierten Newsletter** (Papier) im Stile einer Sport-Illustrierten über die aktuellen Ergebnisse, die nächsten Paarungen und Spieltaktiken der Teams, Tipps und Tricks sowie durch Interviews mit den Teams auf dem Laufenden gehalten und zum Weitermachen angespornt.

T-Shirts mit Teamnamen, Wettbogen für die nächsten Spiele und **Energie-Drinks** trugen zusätzlich zur Motivation bei.

Die ausgeprägte Teamkomponente und die regelmäßige Kommunikation entwickelten im Laufe des Wettbewerbs eine motivierende Eigendynamik und trugen nachhaltig zum Erfolg bei.

Innendienst

Eine weitere zentrale Zielgruppe, die im Zusammenhang mit Verkaufswettbewerben immer wieder im Fokus steht, ist der Innendienst. Zu den Aufgaben der hier tätigen Mitarbeiter zählen in der Regel alle mit der Auftragsabwicklung zusammenhängenden Aktivitäten. In den meisten Unternehmen arbeiten die Innendienstmitarbeiter eng mit dem Außendienst zusammen. Vor dem Hintergrund des ewigen „Bruderzwists" zwischen Innen- und Außendienst schließen immer mehr Unternehmen auch den Innendienst in Verkaufswettbewerbe ein, um dem Neid auf die „prämienverwöhnten" Außendienstkollegen zuvorzukommen. Allerdings gestaltet sich die Integration des Innendiensts unter dem Aspekt der quantitativen Leistungsmessung häufig problematisch, da sich die Arbeit eines einzelnen Innendienstmitarbeiters oft nur schwer direkt einem Verkaufserfolg zuordnen lässt.

Hat man es mit einem „verkaufsaktiven" Innendienst zu tun, ist die Durchführung von Verkaufswettbewerben für diese Zielgruppe bzw. ihre Integration in Wettbewerbe relativ einfach, da konkrete Ziele gesetzt und die erzielten Erfolge quantitativ gemessen werden können.

Schwieriger wird es, wenn sich der Verkaufserfolg des einzelnen Innendienstlers nicht exakt bestimmen lässt, er aber dennoch zum Verkaufserfolg des Außendiensts beiträgt. Ausgehend von dem Umstand, dass häufig ein Innendienstler mehrere Außendienstler unterstützt, kann man in zwei Richtungen agieren:

1. Man bildet aus den organisatorisch zusammenarbeitenden Innendienstlern und Außendienstlern jeweils ein Team und setzt den Verkaufswettbewerb als Teamwettbewerb auf, bei dem die verschiedenen Teams gegeneinander antreten.

2. Man macht einen Außendienstwettbewerb *und* einen Innendienstwettbewerb, bei dem man die Zielerreichungen der Außendienstler für die Innendienstler kumuliert und deren Leistung dann an der Gesamtzielerreichung misst.

Erfahrungsgemäß erweist sich die erste Variante, der Teamwettbewerb, als die bessere Lösung, zumal sie nicht nur den Abverkauf stimuliert, sondern auch das Teamgefühl abteilungsübergreifend stärkt.

Beispiel für einen Verkaufswettbewerb Innendienst (plus Außendienst)

Branche des Kunden:	**Eingesetzte Maßnahme:**
Logistikdienstleister	Verkaufswettbewerb mit Einzel- und Team-komponenten
Zielgruppe/Teilnehmeranzahl:	**Laufzeit:**
143 Außen- und 112 Innendienstmitarbeiter aus 25 Niederlassungen in Deutschland	insgesamt neun Monate, aufgeteilt in drei Wertungszeiträume
Zielsetzung(en) der Maßnahme:	**Bewertungssystem:**
Umsatzsteigerung in verschiedenen Pro-duktbereichen	Einzelwertung; Ranglistenplatzierungen werden mit Punkten belohnt und kumuliert

Idee/Motto:

Auf einem Segelboot kommt es auf individuellen Einsatz, absoluten Teamgeist und blindes Vertrauen an. Das berühmteste Segelrennen der Welt, der **America's Cup**, diente als Vorlage für diesen Wettbewerb. Der Wettbewerb wurde in drei Rennetappen unterteilt: Defender-Race, Challenger-Race und Cup-Race.

Umsetzung:

Innen- wie Außendienst erhielten auf einer Kick-off-Tagung ihre Kursbücher mit den Wett-bewerbsregeln. Der Wettbewerb bestand aus fünf Wertungskriterien und drei Wertungs-zeiträumen (Wettrennen). In jedem Wettrennen wurden jeweils fünf Ranglisten erstellt, bei denen es Punkte für die Platzierungen gab. Am Ende zählte, wer die meisten Punkte erreicht hatte.

Die Wertungskriterien, die sich nicht direkt auf den einzelnen Innen- oder Außendienstler runterbrechen ließen, wurden als Teamwertung gefahren, wobei das Teamergebnis für die Vertreter beider Parteien gleich zählte. Zudem gab es die „Kollegen Plus"-Wertung, bei der der jeweilige Kollege Punkte für die Platzierung seines ID/AD gab. Nach jedem Rennen wurden die jeweils besten Einzelteilnehmer belohnt und am Ende fuhren die besten Teams auf ein Segel-Incentive.

Wertungskriterien:

Pro Rennen gab es fünf Wertungskriterien:
- Verkauf von Premium-Produkten,
- Offene-Rechnungs-Reklamationen,
- Umsatz Transportversicherung,
- Express-Fracht-Umsätze der Niederlassung (Team-Wertung),
- Kollegen-Plus-Wertung.

Nach jedem Rennen starteten alle wieder bei null und hatten so wieder die gleichen Ausgangschancen.

Eingesetzte Prämien:

Nach jedem Rennen gab es Prämien für die besten Teilnehmer:
- Defender-Race-Prämie: Tauchpaket,
- Challenger-Race: Urlaubs-Universalgutschein,
- Cup-Race: Wassersport-Erlebnisse.

Die zwei besten Niederlassungen wurden mit einem Segel-Incentive auf dem Ijsselmeer belohnt.

Eingesetzte Kommunikationsmaßnahmen:

Kick-off-Tagung im Seglerstyle an der Ostsee.
Aktionsbriefpapier und Aktionsbriefumschläge für monatliche personalisierte Motivationsmailings mit Zwischenständen und Kontoauszügen.
Power-Point-Präsentationen für die monatlichen Teambesprechungen in den Niederlassungen.
Als Give-aways dienten **Seglerjacken** mit Aktionslogo zum Kick-off sowie monatliche Segler-Gimmicks, die mit den Mailings verschickt wurden.

Customer Service

Im Customer-Service-Bereich bzw. im Kundendienst werden in der Regel Zusatzleistungen abgewickelt, die über den generellen Vertrieb hinausgehen. Hierzu kann die Optimierung von Ablaufprozessen oder die Reklamationsbearbeitung zählen. Letztendlich dienen die hier laufenden Aktivitäten der Steigerung der Kundenzufriedenheit und Kundenbindung. In vielen Unternehmen agiert der Customer Service als Teilbereich des Innendiensts. Customer-Service-Bereiche, die wie beispielsweise Telesales Aufträge aktivieren, werden an dieser Stelle nicht weiter berücksichtigt.

Bei der Durchführung von Verkaufswettbewerben für den Customer Service tritt die schon beim Innendienst aufgeführte Problematik der nicht konkreten Bezifferbarkeit seiner Leistung am gesamten Vertriebserfolg noch stärker auf. Daher ist es am sinnvollsten, Wettbewerbe für den Customer Service mit anderen Unternehmensbereichen zu verknüpfen.

Dabei gibt es wieder zwei Möglichkeiten:

1. Die Vertreter der verschiedenen Unternehmensbereiche – beispielsweise Innendienst, Außendienst und Customer Service – gehen gemeinsam im Rahmen von abteilungsübergreifenden Teams an den Start und gewinnen gemeinsam.

2. Der Wettbewerb basiert auf einer gegenseitigen Erfolgsbeteiligung. In der Praxis kann das so aussehen, dass getrennte Wettbewerbe für Verkaufsmitarbeiter und für den Customer Service mit jeweils unterschiedlichen Zielvorgaben durchgeführt werden. Allerdings bekommt jeder Verkaufsmitarbeiter nicht nur für seine eigenen Leistungen Punkte, sondern auch für die Leistung seiner Kollegen vom Customer Service und umgekehrt. Der Effekt: Je besser der Kollege aus der anderen Gruppe platziert ist, desto mehr Punkte gibt es. Gegenseitige Absprachen und das Moment der sozialen Kontrolle bringen dabei zusätzliche Dynamik in die Aktion.

In beiden Fällen stärkt die Wettbewerbssystematik das Teamgefühl – und zwar in allen am Vermarktungsprozess beteiligten Abteilungen. In der Folge verbessert sich damit sehr oft auch die Kommunikation zwischen den verschiedenen Teams und Arbeitsabläufe können zukünftig einfacher optimiert werden. Gleichzeitig lassen sich durch die Verknüpfung die eher weichen Ziele des Customer Service - nämlich die Stärkung der Kundenbindung und -zufriedenheit – mit den eher harten Zielsetzungen anderer Bereiche verbinden.

4.2   Außerhalb des Unternehmens

Verkaufswettbewerbe für Zielgruppen außerhalb des Unternehmens sind neben den beschriebenen harten Zielsetzungen auch aus einem anderen Grund besonders attraktiv für den Incentive-Geber: Die mit dem Wettbewerb verbundenen Sonderaktionen bieten außerhalb des normalen Geschäftsablaufs emotionale Gesprächsaufhänger für den Außendienst bei der Ansprache des Handels bzw. der Fachhandelsverkäufer – und solche Anlässe gibt es im Vertriebsalltag nicht allzu oft. Entsprechend groß ist die Wirkung, die sich damit erzielen lässt, nicht nur in puncto Abverkauf, sondern auch im Hinblick auf die Pflege der Kundenbeziehung!

Händler (eigene, unabhängige)

Außerhalb des Unternehmens zählen Händler oder Handelspartner – bzw. deren Inhaber oder Geschäftsführer – zu den beliebtesten Zielgruppen bei Verkaufswettbewerben. Dabei gilt es zwischen zwei Gruppen zu unterscheiden: Zum einen gibt es unternehmenseigene, exklusive Händler (zum Beispiel in Form von Autohäusern), die nur die jeweilige Unternehmensmarke vermarkten; zum anderen gibt es Handelspartner, die Marken bzw. Produkte verschiedener Unternehmen vertreiben.

Generell ist bei der Durchführung von Verkaufswettbewerben für exklusive Händler oder Handelspartner vor allem eines zu beachten: Die angesprochenen Inhaber oder Geschäftsführer verkaufen in der Regel nicht selbst. Deshalb müssen die den Wettbewerb durchführenden Unternehmen diese Ansprechpartner dazu bringen, ihre Verkaufsmannschaft im Sinne des Unternehmens zu beeinflussen, damit die gesteckten Ziele erreicht werden. Die dafür notwendige Überzeugung schaffen sachliche Argumente allein meistens nicht, auch wenn die Marge und das Produkt natürlich stimmen müssen. Entscheidend ist hier vor allem die Chemie zwischen dem Unternehmen und seinen Händlern: Der Händler muss eine emotionale Bindung an das Unternehmen haben und von dessen Produkten überzeugt sein, um ein nachhaltiges Vertriebsengagement an den Tag zu legen.

Daher ist die vertriebliche Zielerreichung bei Händler-Wettbewerben zwar die Hauptintention, ein weiterer wichtiger Aspekt ist aber die emotionale Aufladung der Geschäftsbeziehung zwischen Unternehmen und Handel. Gerade diese Emotionalität wird in den heutigen von Controlling, Einkauf und Personalabbau geprägten Zeiten allerdings immer mehr in den Hintergrund gedrängt. Ein wirkungsvolles Mittel, um dieser Entwicklung entgegenzuwirken, ist der Abschluss von Wettbewerben auf Händlerebene durch eine Incentive-Reise. So können die Unternehmensvertreter nach der emotionalen Kommunikation während des Wettbewerbs insbesondere auf der abschließenden Gewinner-Reise einen sehr intensiven und persönlichen Draht zu den Teilnehmern aufbauen und damit eine gute Kommunikationsgrundlage für die Zukunft legen. Neue Produkte, Abverkaufsziele oder der Preis müssen dann nicht mehr die einzigen Gesprächsaufhänger sein – lassen sich aber auf der gewachsenen Vertrauensgrundlage deutlich besser platzieren.

Beispiel eines Händler-Wettbewerbs

Branche des Kunden:

Mineralöl-Konzern

Eingesetzte Maßnahme:

Verkaufswettbewerb für Autohaus-Inhaber und Serviceleiter

Zielgruppe/Teilnehmeranzahl:

973 Endscheider (Inhaber/Geschäftsführer bzw. Serviceleiter) von Autohäusern und Werkstätten

Laufzeit:

13 Monate – Dezember bis Januar

Zielsetzung(en) der Maßnahme:

Absatzsteigerung von vollsynthetischen Motorölen; Kundenansprache am POS optimieren

Bewertungssystem:

Punktewertung nach Zielerreichung; Einteilung in Volumengruppen

Idee/Motto:

Der alle zwei Jahre stattfindende Wettbewerb ist den Händlern als die **Trophy** bekannt, bei der es Reisen für die exklusive **Öl-Power-Tour** zu gewinnen gibt.

Umsetzung:

Unter dem Claim „Maximale Leistung zählt" wurden in diesem Falle alle Kunden (Geschäftsführer/Inhaber von Autohäusern und Werkstätten) des Mineralöl-Konzerns eingeladen, sich am Verkaufswettbewerb zu beteiligen und sich und ihre Serviceleiter anzumelden.
Ziel war auf der einen Seite, die Geschäftsführer/Inhaber zu motivieren, mehr vollsynthetische Motoröle zu ordern bzw. auf diese upzugraden. Da gerade im Werkstattbereich große Chancen für den Ölabsatz schlummern – in jedem PKW fehlt im Schnitt ein halber Liter Öl –, lief parallel zum Verkaufswettbewerb ein Lernprogramm für die Serviceleiter. Zudem wurde mit der deutschlandweiten Mystery-Shopping-Tour „Aktion goldener Peilstab" das Werkstattpersonal animiert, den Ölstand jedes Kunden zu kontrollieren.

Wertungskriterien:

Ziel des teilnehmenden Betriebs ist es, den Umsatz aus dem vorjährigen Vergleichszeitraum zu übertreffen. Die Autohäuser/Werkstätten wurden entsprechend der Abnahmemengen in neun Volumengruppen eingeteilt. Für jeden Liter Öl gab es einen Punkt. Wurde das Ziel des Vorjahreszeitraums erreicht, gab es für jeden weiteren Liter über dem Ziel statt eines Punkts nun vier Punkte. Die Punktbesten je Gruppe gewinnen – 70 Gewinner.
Für die Serviceleiter galt das gleiche Wertungssystem, die 300 Besten aus allen Gruppen gewannen.
Für die „Aktion goldener Peilstab" gab es Sofortgewinne für alle Mitarbeiter, die den Ölstab des Testfahrzeugs zur Kontrolle zogen.

Eingesetzte Prämien:

Die besten 70 Inhaber/Geschäftsführer wurden mit Partner zu einer viertägigen Öl-Power-Tour-Kreuzfahrt im Mittelmeer eingeladen. Die 300 besten Serviceleiter gewannen Tankgutscheine im Wert von bis zu 500 Euro. Die Sofort-Prämien der „Aktion goldener Peilstab" variierten zwischen Tankgutscheinen und Merchandise-Artikeln.

Eingesetzte Kommunikationsmaßnahmen:

Versand einer speziellen Aktionsbroschüre mit Bewertungssystem und detaillierter Reise-/ Prämienbeschreibung. Monatliche Motivationsmailings mit schmackhaften Reisedetails bzw. Qualifikationsmodulen zu Produktwissen und Kundenansprache für die Serviceleiter. Regelmäßige Auswertungen und Statistiken für den Außendienst.

Verkäufer im Handel

Die Händler sind mit Sicherheit eine der beliebtesten Zielgruppen von Verkaufswettbewerben; die begehrteste Zielgruppe von Verkaufswettbewerben sind allerdings die Verkäufer mit ihrem direkten Kundenkontakt. Ihr Know-how und ihr Verkaufsgeschick sind wichtige Faktoren beim Erreichen der Vertriebsziele eines Unternehmens. Daher liegt die Motivation der Handelsverkäufer den Unternehmen besonders am Herzen – und durch Verkaufswettbewerbe lassen sich in dieser Zielgruppe gezielte Motivationsimpulse mittels entsprechender Anreize setzen.

Allerdings sind bei der Planung von Verkaufswettbewerben für Verkäufer im Handel einige wichtige Punkte zu beachten, um unnötige Verstimmungen während des Wettbewerbs zu vermeiden:

1. Der Händler – und damit der Chef des Verkäufers – darf nicht übergangen werden. Ein Unternehmen braucht seine schriftliche Zustimmung, um mit den Verkäufern des Händlers zu kommunizieren und um diese mit einem Wettbewerb motivieren zu dürfen. Idealerweise sollte der Händler deshalb im Voraus über die Konzeption und Zielsetzungen des Wettbewerbs informiert werden. Ein solches Vorgehen bietet zudem die Möglichkeit, das Know-how des Händlers bei der Gestaltung des Wettbewerbs zu berücksichtigen.

2. Der durch die Wettbewerbs-Incentives für die Verkäufer entstehende geldwerte Vorteil muss steuerlich korrekt berücksichtigt und kommuniziert werden. Die weiteren Details zu diesem steuerlichen Aspekt werden später noch genauer erläutert.

3. Im Zusammenhang mit einem Wettbewerb für Verkäufer, die nicht nur Marken bzw. Produkte des den Wettbewerb durchführenden Unternehmens verkaufen, ist das Gesetz gegen unlauteren Wettbewerb (UWG) zu beachten – dazu ebenfalls später mehr.

Auch wenn sich diese Begleitfaktoren in der Theorie kompliziert anhören mögen, werden in der Praxis dennoch die meisten Wettbewerbe für die Verkäufer im Handel durchgeführt – ganz einfach, weil diese Zielgruppe direkt am Kunden ist und unmittelbar für den Verkauf der Unternehmensprodukte verantwortlich ist. Damit sind sie die Instanz, mit deren Hilfe sich vertriebliche Ziele am besten umsetzen lassen. Hinzu kommt, dass Verkäufer in der Regel am meisten nach Anerkennung, Lob und Belohnung dürsten und damit ausgesprochen aufgeschlossen auf Verkaufswettbewerbe reagieren.

Beispiel für einen Wettbewerb für Verkäufer im Handel

Branche des Kunden:	Eingesetzte Maßnahme:
Handy-Hersteller	Incentive für Fachhandelsverkäufer
Zielgruppe/Teilnehmeranzahl:	**Laufzeit:**
ca. 5 000 Fachhandelsverkäufer	sechs Monate
Zielsetzung(en) der Maßnahme:	**Bewertungssystem:**
Absatzsteigerung von Endgeräten des Herstellers	monatliche Verlosungen

Idee/Motto:

Unter dem Motto **CoolWin** wurde eine besonders aufmerksamkeitsstarke Kampagne gestartet. Hintergrund: Die Verkäufer/Händler im Fachhandel sind extrem verwöhnt, was Incentives angeht. Eine Rolex oder ein 6er BMW erzeugen eher Langeweile ... Daher galt es, ein außergewöhnliches Kommunikations- und Prämienkonzept zu entwickeln.

Umsetzung:

Die Aktion wurde mittels Anzeigen in Fachmagazinen, Direktmailings und direkter Ansprache durch den Außendienst angekündigt. Alle interessierten Verkäufer konnten sich online auf der Aktionswebsite anmelden und registrieren. Die Begleitkommunikation erfolgte weiterhin online oder per SMS und via Anzeigen.

Service beim Handel

Hinter dem Service beim Handel verbirgt sich in der Regel der Aftersales-Bereich. Hier werden nach einem Geschäftsabschluss bzw. dem Verkauf eines Produkts an den Kunden Maßnahmen eingeleitet, die den Kunden an das Produkt bzw. die Marke binden sollen. Service und Wartung, Ersatzteil- und Zubehörbeschaffung oder Reparatur sind typische Aufgaben des Aftersales, der damit auch eine wichtige Instanz bei der nachhaltigen Pflege von Kundenbeziehungen ist.

Eine Branche, in der der Aftersales-Bereich eine besonders wichtige Rolle spielt, ist die Automobilbranche. Diese führt daher auch regelmäßig Verkaufswettbewerbe für die Aftersales-Mitarbeiter durch, um beispielsweise die Umsätze im Bereich Teile und Zubehör zu steigern. In der Regel fungiert bei diesen Wettbewerben der Serviceleiter eines Autohauses als Ansprechpartner, wobei meist mehrere Personen am Teileabsatz und Einkauf in einem Autohaus beteiligt sind. Um diesen diversifizierten Zielgruppenstrukturen gerecht zu werden, wird in vielen Fällen ein

Teamwettbewerb durchgeführt. Dieser Ansatz stärkt das „Wir-Gefühl" der Teilnehmer und führt durch das Agieren als Gruppe zu einer verstärkten gegenseitigen Motivation.

Erfahrungsgemäß sind die Budgets für Aftersales-Wettbewerbe oft nicht so üppig bemessen wie bei anderen Wettbewerbszielgruppen. Entsprechend muss hier eine andere Belohnungsmechanik zum Einsatz kommen, da die Budgetlage es meist nicht erlaubt, ein ganzes Team mit einer Incentive-Reise zu belohnen. Stattdessen wird bei Aftersales-Wettbewerben meist mit einem Punktesystem gearbeitet. Dabei werden abhängig vom Teileumsatz – wahlweise der gesamte Umsatz oder Teilegruppen/Bonusteile – und beispielsweise den monatlichen Zielerreichungsgraden bzw. den tatsächlichen Umsätzen Punkte vergeben. Diese werden auf einem Online-Teamkonto, einsehbar über eine eigens für den Wettbewerb eingerichteten Prämienplattform, gutgeschrieben. Nach Abschluss des Wettbewerbs kann das Team die gesammelten Punkte gemeinsam einlösen: Entweder sucht sich jeder eine kleine Prämie aus oder das Team bestellt sich eine Gemeinschaftsprämie (Kaffeemaschine, Tischkicker o. Ä) oder bucht ein gemeinsames Event (z. B. einen Teamtag im Kletterwald oder eine Rafting-Tour).

Beispiel für einen Aftersales-Wettbewerb

Branche des Kunden:	Eingesetzte Maßnahme:
Automobilimporteur	Incentive für Service, Kundendienst
Zielgruppe/Teilnehmeranzahl:	**Laufzeit:**
ca. 800 Mitarbeiter bei 300 Händlern	zwölf Monate
Zielsetzung(en) der Maßnahme:	**Bewertungssystem:**
Steigerung des Zubehör- und Teileumsatzes	Punktesystem mit Prämienkatalog und Incentive-Reise für die besten Teams

Idee/Motto:

Das Jahresmotto des **Aftersales-Cups** lautete „**Ran an den Speck**". Dabei ging es um den sportlichen Ehrgeiz der Teilnehmer: Es galt, den Einkauf von Original-Teilen und -Zubehör auf hohem Niveau zu halten bzw. das Vorjahresniveau zu übertreffen.

Umsetzung:

Zum Kick-off wurden alle Händler angeschrieben und mittels einer Broschüre über die Details und Ziele der Kampagne informiert. Per Fax konnte der Händler sein Aftersales-Team zum Incentive anmelden. Nach der Anmeldung ging ein Begrüßungspaket in Form einer deftigen Brotzeit (Wurst, Käse, Brot, Mixed Pickles, Schwarzwälder Schinken etc.) und natürlich der Aktionsbroschüre sowie eines Aktionsposters an das Incentive-Team. Für die erzielten Umsätze sammelten die Teilnehmer Punkte, die dann in Sachprämien aus einem Online-Prämienkatalog eingetauscht werden konnten. Die besten Teams aus den Außendienstregionen wurden auf eine Incentive-Reise eingeladen.

Wertungskriterien:

Pro 1 000 Euro Umsatz an Teilen und Zubehör wurden Punkte vergeben. Extra Punkte gab es, wenn der Vorjahresumsatz erreicht bzw. übertroffen wurde. Unterjährig wurden Sonderwertungen (z. B. Batterie- und Winterkompletträder-Frühbezug) eingebaut, für die es extra Punkte zu gewinnen gab. Zudem wurde pro Außendienstregion eine Rangliste auf Basis der Umsatzzielerreichung erstellt.

Eingesetzte Prämien:

Auf Basis der gesammelten Punkte konnten in einem speziell für die Zielgruppe zusammengestellten Prämienportal Sachprämien für das Team ausgesucht werden. Die besten Teams wurden zudem auf ein rustikales, alpines Hütten-Incentive nach Garmisch-Partenkirchen eingeladen.

Eingesetzte Kommunikationsmaßnahmen:

Händler-Salesfolder, Begrüßungsbox für Aftersales-Teams, monatliche Motivationsmailings, Online-Weihnachtskalender, Kundenansprache-Lernspiele.
Aktionswebsite mit Punktecounter, Sonderwertungen, Kontoseiten, Produktinformationen, Reisedetails und Ranglisten.
Prämienkatalog mit Anzeige für punktenahe Prämien, Prämien-Hitliste.

Gebrauchtwagen-Verkäufer

Im Zusammenhang mit dem Handel – und im Speziellen mit Autohäusern – gibt es noch eine weitere Gruppe von zu betrachtenden Verkäufern, da diese immer mehr Zielgruppe von Verkaufswettbewerben werden: die Gebrauchtwagen-Verkäufer. Im hart umkämpften Automobilsegment ist die Motivation der Verkäufer von entscheidender Bedeutung für den Erhalt und Ausbau der Marktposition des Händlers.

Wettbewerbe im Gebrauchtwagen-Segment zeichnen sich oft dadurch aus, dass sich der Verkauf eines einzelnen Gebrauchtwagens aus den zentralen IT-Systemen des Incentive-Betreibers nicht direkt einem Gebrauchtwagen-Verkäufer zuordnen lässt. Häufig weiß der Hersteller oder Importeur höchstens, welche Gebrauchtwagen das Autohaus insgesamt verkauft hat, eine Aufschlüsselung dieser Verkäufe auf den einzelnen Gebrauchtwagen-Verkäufer fehlt aber.

Für die Lösung dieses Problems gibt es zwei Ansätze:

1. Der Hersteller führt den Wettbewerb als Teamwettbewerb durch, bei dem die Verkäufer eines Autohauses gegen die Verkäuferteams der anderen beteiligten Autohäuser antreten. Diese Lösung ist allerdings nicht sehr empfehlenswert, da Gebrauchtwagen-Verkäufer - wie die meisten Verkäufer übrigens - von Natur aus eher Einzelkämpfer sind und daher auf Teamwettbewerbe eher verhalten reagieren.

2. Die nachfolgende Variante funktioniert in der Praxis eindeutig besser: Jeder Gebrauchtwagen-Verkäufer meldet seine Verkäufe selber auf einer eigens eingerichteten Wettbewerbswebsite und gibt dabei zur Verifizierung die Fahrgestellnummer oder das Kennzeichen an. Diese werden dann im regelmäßigen Turnus mit den zentral beim Hersteller oder Importeur vorliegenden Daten abgeglichen. Bei Übereinstimmung mit den Daten im zentralen System erhält der Verkäufer entsprechende Punkte und seine Verkaufsleistung wird individuell belohnt. Dies führt zu einer hohen Motivation der einzelnen Teilnehmer und kommt damit auch dem Gesamtziel zugute. Über die Website lässt sich zudem zusätzliche Transparenz herstellen, indem beispielsweise Rankings mit dem aktuellen Stand der verkauften Wagen pro Verkäufer abgebildet werden.

Großhandel und sein Außendienst

Bei Wettbewerben für den Außendienst des unternehmensfremden Großhandels verhält es sich ähnlich wie bei der Durchführung von Wettbewerben für Verkäufer im Handel. Der Wettbewerb richtet sich an eine Personengruppe, die nicht bei dem durchführenden Unternehmen angestellt ist. Sprich: Auch in diesem Fall muss beim Großhändler vorab dessen Zustimmung für die Durchführung des Wettbewerbs eingeholt werden, die geldwerten Vorteile müssen korrekt versteuert werden und die rechtlichen Rahmenbedingungen müssen beachtet werden.

Erschwerend kommt hier noch hinzu, dass viele Großhändler es wenig bis gar nicht schätzen, wenn Dritte auf ihre Vertriebspolitik in Richtung Außendienst Einfluss nehmen wollen. Wichtigste Voraussetzungen für die Durchführung eines Wettbewerbs sind daher, dass das Unternehmen ein vertrauensvolles Verhältnis zum Großhandel aufgebaut hat und ihm durch das Incentive bedeutende Vorteile verschafft - beispielsweise mit besonderen Margen, bei Produkt-Neueinführungen oder der Neukundengewinnung.

Der Vollständigkeit halber gilt es an dieser Stelle noch einen Blick auf eine weitere Zielgruppe in diesem Umfeld zu werfen: **Händler, die über den fremden Großhändler kaufen.** Gerade in der Automobilindustrie gibt es viele Teile- oder Zubehörhersteller, die über die vorhandene Großhandelsstruktur an (freie) Werkstätten verkaufen. Bei einem Wettbewerb für diese Gruppe ergibt sich die Schwierigkeit, dass der Hersteller in der Regel nicht weiß, welche Werkstatt wie viele seiner Produkte beim Großhandel bezieht.

Hier gibt es drei Möglichkeiten, um diese Daten zu ermitteln bzw. sie für den Wettbewerb transparent zu machen:

1. Die Werkstatt erfasst ihre Einkäufe beim Großhandel über eine eindeutige Seriennummer des Produkts.
2. Die Werkstatt sammelt die Verpackungen und schickt diese ein.
3. Der Incentive-Geber hat ein vertrauensvolles Verhältnis zum Großhandel und dieser gibt ihm die Daten der am Wettbewerb teilnehmenden Werkstätten. Dieser Ansatz funktioniert noch besser, wenn der Incentive-Geber den Großhandel in die Wettbewerbskommunikation „mit seinen Kunden" einbezieht und ihn als Co-Absender einbindet.

Beispiel für einen Großhandelswettbewerb

Branche des Kunden:	Eingesetzte Maßnahme:
Automobilzulieferer	Bonusprogramm/Incentive für Werkstätten
Zielgruppe/Teilnehmeranzahl:	**Laufzeit:**
ca. 11 000 Händler aus sechs Ländern	zwölf Monate – on going
Zielsetzung(en) der Maßnahme:	**Bewertungssystem:**
Steigerung des Teileumsatzes Erhöhung der Kundenbindung	Punktesystem mit Prämienkatalog

Idee/Motto:
Extra guter Umsatz wird extra gut belohnt. EXTRA, das Prämienprogramm.

Umsetzung:

Es sollte ein Loyalitätsprogramm für Kfz-Werkstätten implementiert werden. Dazu wurde ein verkaufsorientiertes Bonusprogramm samt innovativer Datenbank-Technologie zur Vernetzung aller Instanzen des Vermarktungsprozesses entwickelt. Die besondere Herausforderung im Automobilzulieferer-Bereich ist, dass der Verkauf über den Großhandel geht – der Hersteller aber leider per se nicht weiß, welcher Händler welche Umsätze mit seinen Produkten macht. Also ist die vertrauensvolle Zusammenarbeit mit den Großhändlern und deren Meldung der vom Teilnehmer getätigten Umsätze notwendig. In diesem Falle betrieben Hersteller und Großhändler das Programm gemeinsam und der Großhändler tauchte auf allen Online-Aktionsmitteln als Absender mit auf.

Kernstück war ein Internetportal, auf dem sich die Kfz-Werkstätten zur Teilnahme am Prämiensystem anmelden konnten – mit entsprechender Großhändler-Zuordnung. Sie erhielten damit das ganze Jahr beim Kauf bestimmter Teile über den Großhandel Prämienpunkte auf einem Online-Konto gutgeschrieben. Darüber hinaus boten der Hersteller und der teilnehmende Großhandel immer wieder attraktive Sonderaktionen an, bei denen Zusatzpunkte gesammelt werden konnten.

Wertungskriterien:

Die Werkstätten erhielten Punkte für den Kauf von ausgewählten Produkten sowie für wechselnde Aktionsprodukte. Alle Produkte wurden über die Umsatzzahlen gewertet: Für 50 Euro Nettoumsatz beim Teilehändler (Großhändler) erhielt die Werkstatt z. B. 15 Punkte. Prämien konnten ganzjährig bestellt werden, nicht eingelöste Punkte verfielen jeweils am 31.12. des Folgejahres. Bei nicht ausreichendem Punktestand konnten Prämien über eine Zuzahlungsfunktion (per Kreditkarte) bestellt werden.

Eingesetzte Prämien:

Die gesammelten Punkte konnten die Betriebe jederzeit gegen Prämien einlösen. Das Angebot umfasste rund 800 hochwertige Sach-, Erlebnis- und Werkstattprämien. Alle Prämieninformationen sowie der aktuelle Punktestand konnten von den teilnehmenden Werkstätten jederzeit online abgerufen werden.

Eingesetzte Kommunikationsmaßnahmen:

Teilnehmerakquisition: Anzeigen in Fachzeitschriften; Online-Werbung. Aktionskommunikation: Mailings, E-Mail-Newsletter und Aktionswebsite.

Direktvertriebs-Verkäufer

Bei den Direktvertriebs-Verkäufern handelt es sich um eine Zielgruppe, die einer ganz besonderen Ansprache im Wettbewerb bedarf. Grund dafür ist die vielfach angespannte Einkommenssituation dieser Personen: Die meist nebenberuflichen Verkäufer leben quasi „von der Hand in den Mund" und verdienen nur, wenn sie wirklich intensiv „Klinkenputzen". Und selbst dann halten sich ihre Einkünfte meist in einem sehr überschaubaren Rahmen.

Am wirkungsvollsten erweisen sich für diese Zielgruppe daher viele kleine Wettbewerbe zur Anerkennung der erbrachten Leistung. Dabei ist insbesondere der persönliche, motivierende Dialog wichtig. Den Teilnehmern muss das Gefühl vermittelt werden, dass sich ihr harter Einsatz lohnt und ihre Leistung wahrgenommen und geschätzt wird.

Zusätzlich ist es hilfreich, die Wettbewerbe mit Qualifizierungseinheiten – beispielsweise dem Erlernen von verkaufsfördernden Taktiken bei der Kundenansprache oder dem Erwerb verschiedener Abschlusstechniken für bestimmte Produkte oder Zielgruppen – zu untermauern. Dies sorgt für zusätzlichen Ansporn und Motivation bei den Direktvertriebs-Verkäufern, da sie sich durch solche Maßnahmen besser vorbereitet fühlen, um die gesteckten Ziele zu erreichen.

Und last but not least ist es sehr wichtig, bei den Incentives einen starken Markenbezug zu dem Unternehmen des Incentive-Gebers herzustellen. Die Direktvertriebs-Verkäufer müssen einen hohen Grad der Identifikation mit der zu verkaufenden Marke erreichen und stolz darauf sein, diese zu vertreiben. Daher sollten auch die kleinsten Prämien entsprechend gebrandet sein.

Beispiel einen für Direktvertriebs-Wettbewerb

Branche des Kunden:	Eingesetzte Maßnahme:
Direktvertriebs-Unternehmen	Incentive-System für die Vertriebsstruktur
Zielgruppe/Teilnehmeranzahl:	**Laufzeit:**
9 000 Mitarbeiter in drei Hierarchiestufen	zwölf Monate
Zielsetzung(en) der Maßnahme:	**Bewertungssystem:**
Anwerbung neuer Mitarbeiter Umsatzsteigerung	Kommunikatives Zusammenfassen aller Einzel-Wettbewerbe und Integration eines Punktesystems mit Prämienkatalog

Idee/Motto:

Für die Jahreskampagne wurde ein Dachmotto entwickelt: **Wir wollen wachsen!** Damit wurde nicht nur eine klare Aussage zum Unternehmensziel getroffen und eine Aufforderung an die Organisation ausgesprochen, sondern auch der Weg dahin aufgezeigt: Mit der Anwerberkampagne sollte ein Wachstum durch neue Vermittler erreicht werden. Dies impliziert auch: Wer wachsen will, muss neue Wege gehen! Wachstum bedeutet auch, sich neuen Herausforderungen zu stellen. Wachstum ist Bewegung, ist Evolution. Alle bestehenden Einzelwettbewerbe ordneten sich dem übergreifenden Dachmotto unter und erhielten passende Sub-Mottos.

Umsetzung:

Die seit Jahren fest verankerten Verkaufswettbewerbe sollten zwar in ihrer Grundstruktur bestehen bleiben, sich jedoch unter dem gemeinsamen Dachmotto synergetisch verbinden und aufeinander einzahlen. Die Option war, die Anzahl der Hauptprämien zu reduzieren und das freiwerdende Budget in andere Wertungskriterien zu verlagern, um neue Gewinnerschichten zu erschließen.

Dazu wurden an alle, die spezielle Leistungen innerhalb der Hauptwettbewerbe erbrachten, zusätzlich Punkte vergeben.

Wertungskriterien:

In allen Wettbewerben wurde verstärktes Augenmerk darauf gerichtet, dass gerade das große Mittelfeld der Teilnehmer (genau die, die bis dahin nicht die Hauptpreise gewinnen konnten) jetzt auch Prämien gewinnen konnte. Der Hintergrund war, über das Involvement des Mittelfelds zusätzlich 60 Prozent der Zielgruppe zu aktivieren und zu versuchen, diese zu jeweils 5 bis 10 Prozent Mehrleistung zu motivieren.

In die verschiedenen Wettbewerbe wurden zusätzliche Wertungsmodule integriert.

▸ Aufsteiger: Wer verbessert sich innerhalb eines Zeitraums (Quartal) um die meisten Ranglistenplätze.

▸ Prozentuale Steigerer: Wer verbessert sich prozentual am meisten im Vergleich zu einem Zeitraum bzw. zum Vorjahr.

Die 10 bis 20 Prozent der Top-Performer wurden nach wie vor über die klassischen Top-Reise-Wettbewerbe erreicht.

Eingesetzte Prämien:

Das neue, übergreifende Punktesystem verband die verschiedenen Wettbewerbe, die auch weiterhin notwendig waren, um auf die jeweiligen Marktbesonderheiten taktisch reagieren zu können. Durch das Punktesystem konnte auf viele kleine Prämiengimmicks verzichtet werden, dafür konnten sich die Teilnehmer hochwertigere Prämien aus einem Online-Prämienkatalog aussuchen.

Eingesetzte Kommunikationsmaßnahmen:

Die bestehenden Kommunikationsstrukturen (Mitarbeiter-Zeitschrift, Extranet, Außendienstkommunikation) wurden beibehalten, jedoch in eine ganzheitliche Incentive-Kommunikationsstrategie eingebunden. Zudem wurde das Extranet mit vielen Modulen rund um die Incentive-Wettbewerbe ausgestattet und diente damit als zentrale Informationsquelle für alle Incentives.

4.3 Wie grenzt man die teilnehmende Zielgruppe richtig ein?

Die Frage klingt eigentlich ganz unnötig, schließlich wissen die meisten Unternehmen relativ schnell, wen sie zu Mehrleistungen motivieren wollen. Zum Eingrenzen der Zielgruppe gehört allerdings auch, sich Gedanken darüber zu machen, wie diese am besten aktiviert werden kann. Denn mit der Benennung der Wettkampfaktivisten werden aus diesen nicht gleich engagierte Teilnehmer - nur wenn sie sich wirklich angesprochen fühlen, werden sie auch zu motivierten Wettkämpfern.

Fragebogen für die praktische Auswahl

Wenn Sie in Ihrem Unternehmen einen Verkaufswettbewerb planen, sollten Sie sich im Vorwege ein paar Gedanken über die Zielgruppe(n) sowie deren Arbeitsweisen und Arbeitsumfeld machen, um dann mit einem optimalen Konzept die höchste Effizienz zu erzielen.

❗ PRAXISTIPP:

Mit der Beantwortung der nachfolgenden Fragen können Sie die wesentlichen Punkte für die Konzeption Ihres Wettbewerbs identifizieren:

1. Wer im Unternehmen ist maßgeblich für das Erreichen der Ziele verantwortlich?
2. Wie verkauft diese Zielgruppe?
3. Mit wem arbeitet diese Zielgruppe zusammen?
4. Wer könnte positiv auf die Zielgruppe einwirken bzw. diese zusätzlich motivieren?
5. Gibt es weitere Bereiche in der Vertriebsorganisation, die die Verkaufsbemühungen oder die Kundenansprache intensivieren könnten? Beispielsweise Customer Service, Callcenter, Innendienst ...
6. Wie können die Führungskräfte (indirekte/direkte) der Zielgruppe mit eingebunden werden?

KAPITEL 5 – WIE SIEHT DIE RICHTIGE SYSTEMATIK HINTER EINEM VERKAUFSWETTBEWERB AUS?

5.1 Was macht einen Verkaufswettbewerb zu einem effektiven Incentive?

Im Idealfall sollte es gar nicht notwendig sein, eine Unterscheidung zwischen effizienten und anderen Verkaufswettbewerben vornehmen zu müssen. Die alltägliche Incentive-Realität legt diese Differenzierung jedoch nahe. Denn von der Entscheidung, einen Wettbewerb durchzuführen, bis zur Prämierung der Besten kann man viele Fehler machen. Und viele dieser Fehler werden leider gemacht und führen dazu, dass der Wettbewerb statt effizient leider höchst uneffizient wird.

Oftmals sind es unternehmensinterne Befindlichkeiten, die zum Scheitern eines Verkaufswettbewerbs führen. Dabei werden häufig eine unausgewogene Zielgruppenauswahl und Unverhältnismäßigkeiten bei der Prämienauswahl zum Stolperstein. So gibt es Verkaufswettbewerbe, bei denen eine tolle Incentive-Reise als Hauptgewinn winkt. Dieses unter bestimmten Umständen durchaus sehr probate Konzept wird leider sehr ineffizient, wenn die dahinterstehende Motivation nicht stimmt. Bedauerlicherweise kommt es immer wieder vor, dass die Gattin des Vorstands das ausgelobte Reiseziel ausgewählt hat, weil sie da immer schon mal hinwollte – natürlich nur in angemessener Begleitung. Entsprechend werden dann beispielsweise ausschließlich die Geschäftsführer von großen, renommierten Händlern in den Verkaufswettbewerb – und damit nur ein geringer Prozentsatz der potenziellen Zielgruppe des Wettbewerbs – eingebunden. Ein ausgeklügeltes Bewertungssystem oder gar Zwischenrankings sucht man in solchen Fällen in der Regel auch vergebens, da hier die Durchführung der Incentive-Reise zum alleinigen Zweck des Wettbewerbs geworden ist.

Der Verzicht auf ein wirkungsvolles Bewertungssystem ist ein schweres Defizit, da ein Wettbewerb dann zur reinen Staffage wird. Wie eingangs bereits erwähnt, muss ein Wettbewerb alle relevanten Teilnehmer zu einem Mehr an Leistung motivieren – und dazu gehört neben der richtigen Zielgruppenauswahl und konkreten Zielen auch ein transparentes und zielorientiertes Bewertungssystem. Denn die Bewertung der abgelieferten Leistung entscheidet darüber, ob die erzielten Effekte nachhaltig sind und der Wettbewerb damit effizient ist. Und diese Bewertung ist nur mit einer individuellen und maßgeschneiderten Systematik zu leisten, die nach rein sachlich orientierten Kriterien und nicht nach persönlichen Vorlieben funktionieren sollte.

Eine breite Teilnehmer-Aktivierung

Das Pareto-Prinzip

Wenn sich Jahr für Jahr nach einem Verkaufswettbewerb immer dieselben Top-Verkäufer eines Konzerns im Luxushotel zum Siegertreffen einfinden, läuft etwas grundlegend falsch. Die Investitionen in ein Incentive lohnen sich für ein Unternehmen nur, wenn jeder Einzelne dadurch angespornt wird, mehr zu erreichen, als wenn kein Wettbewerb veranstaltet würde. Der Mehrumsatz, den der Wettbewerb stimulieren soll, muss vom Gros der Teilnehmer getragen werden.

Es genügt daher nicht, dass im Rahmen eines Wettbewerbs die besten 20 Prozent der Verkäufer 5 Prozent mehr verkaufen und die restlichen 80 Prozent „business as usual" praktizieren. Die große Masse der Mitarbeiter muss jeweils ein bisschen mehr Leistung bringen! Das gelingt nur mit intelligenten Bewertungskriterien, die realistische Gewinnperspektiven für alle eröffnen und nicht die Mehrheit zu Verlierern stempeln.

Abbildung 5.1 Das Pareto-Prinzip

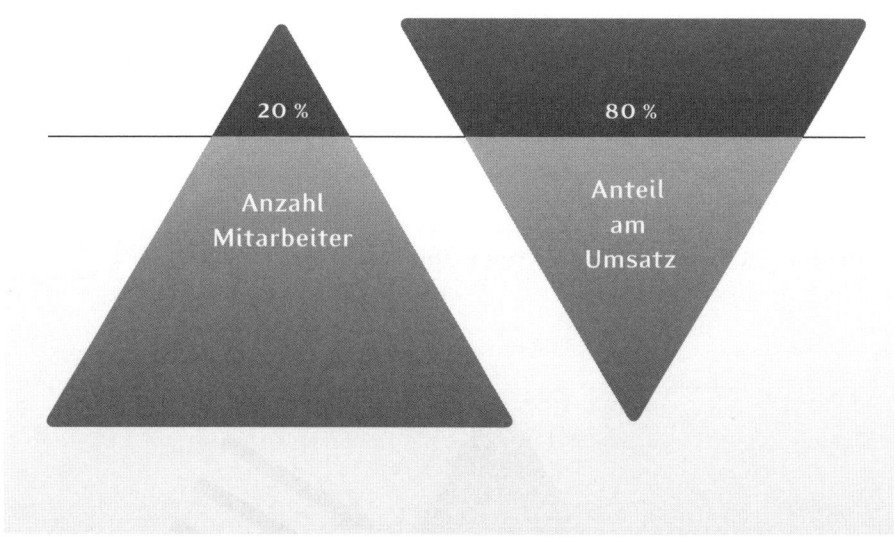

Abbildung 5.2 Optimale Veränderung durch den Wettbewerb

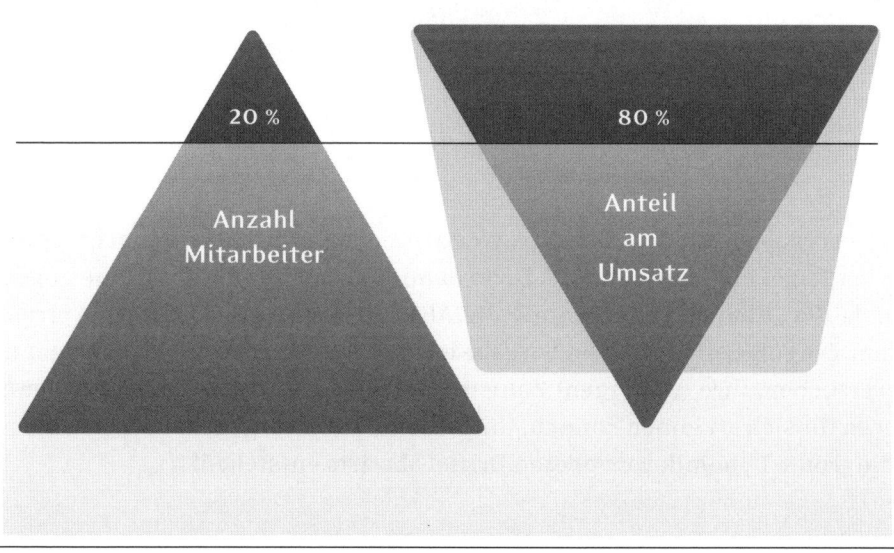

Das Mittelfeld

Im Mittelfeld befinden sich die wichtigsten Teilnehmer eines Wettbewerbs. In nahezu jeder (Vertriebs-)Organisation gibt es unterschiedlich starke Mitarbeiter, Händler oder Partner, z. B. aufgrund von regionalen Marktpotenzialen, Know-how, persönlichem Engagement, Erfahrung etc. Für die Wertungsmechanik spielt die Ursache der Leistungsunterschiede im Grunde keine Rolle. Wichtig ist, sich der Unterschiede bewusst zu sein und die Leistungsmessung entsprechend zu gestalten.

Abbildung 5.3 Mittelfeld-Aktivierung

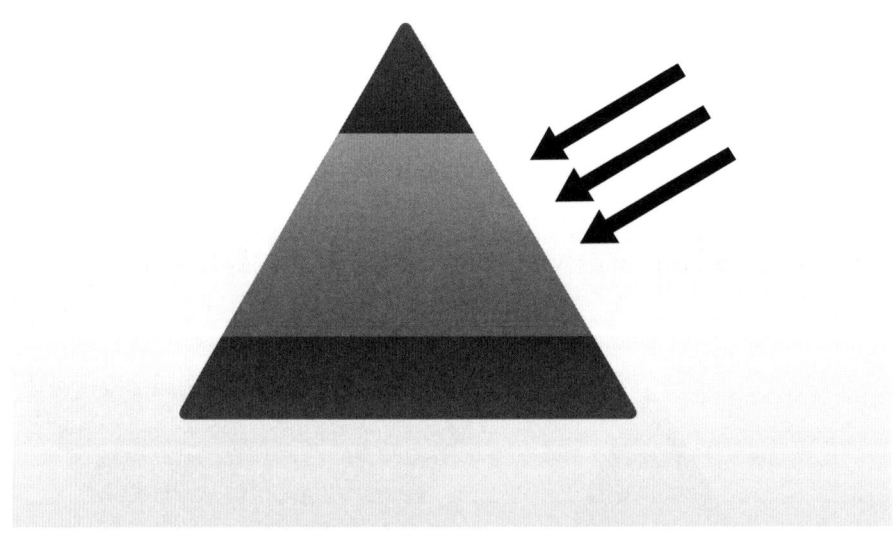

Eine Vorgabe nach dem Prinzip „Wer die meisten Abschlüsse macht, gewinnt" ist in der Regel nicht zielführend. Denn damit werden nur die Top-Leute angesprochen, da die „Kleinen" ohnehin nie die Abschlusszahlen der „Großen" erreichen können. Die Folge einer solchen Vorgabe ist, dass schwächere Mitarbeiter gar nicht erst versuchen, ihre (niedrigen) Zahlen zu steigern, weil sie keine Wettbewerbschancen für sich erkennen können. Um diesem Effekt entgegenzuwirken, muss daher die größte Dynamik vom oberen Drittel abwärts entstehen!

Lassen sich die Leistungen der Teilnehmer aufgrund der unterschiedlichen persönlichen Voraussetzungen nicht direkt vergleichen, liegt die Lösung in der Bildung von Teilnehmer-Gruppen. So lassen sich aus heterogenen homogene Zielgruppenstrukturen schaffen und man kann verhindern, dass die Top-Leute mit den Durchschnittsmitarbeitern, die großen mit den kleinen Händlern, städtische mit ländlichen Einheiten usw. verglichen werden.

Gruppeneinteilung

Um einen Verkaufswettbewerb effizient zu gestalten, ist es wichtig, die Gruppen klein zu halten. Diese Vorgabe gilt allerdings nicht im Hinblick auf die Teilnehmerzahl, sondern im Sinne der Spreizung des Leistungspotenzials. Indem möglichst homogene Gruppen geschaffen werden, ist es möglich, auf jeder Ebene Gewinner zu produzieren. Die Folge ist, dass jeder Teilnehmer für sich eine Gewinnchance erkennt und von der Spitze bis zur Basis Bewegung in den Wettbewerb kommt!

Natürlich ist das obere Drittel der Pyramide das wichtigste, da hier der meiste Umsatz generiert wird. Es spricht daher auch nichts dagegen, dieser Tatsache durch eine anteilsmäßig höhere Zahl von Gewinnplätzen und wertvollere Prämien Rechnung zu tragen. Es ist durchaus legitim, in der Top-Gruppe 50 Prozent, im Mittelfeld 20 Prozent und in den schwächsten Gruppen 5 Prozent gewinnen zu lassen und dabei Prämien im Wert von 5 000 bis 100 Euro zu verteilen. Ein solches Vorgehen ist für alle Teilnehmer nachvollziehbar. Ein absolutes Tabu ist es hingegen, die Teilnehmer am unteren Ende der Skala durch unangemessene Vergleichsmaßstäbe von vornherein aller Erfolgsaussichten zu berauben.

Abbildung 5.4 Falsche Gruppeneinteilung

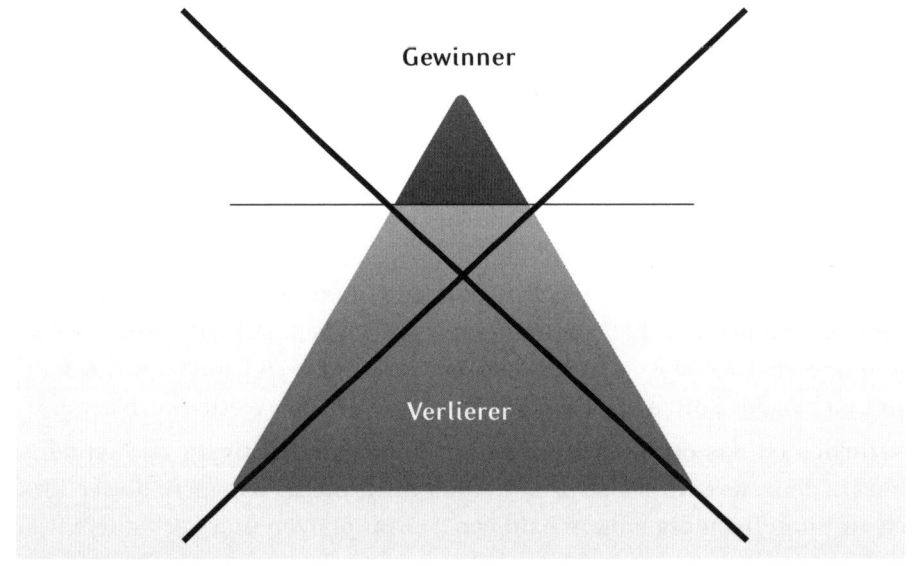

Abbildung 5.5 Richtige Gruppeneinteilung

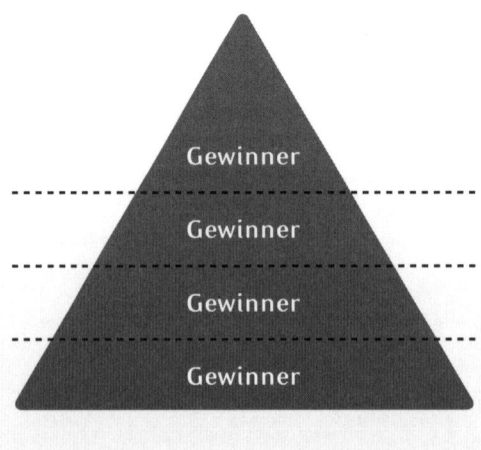

Ein gutes Bewertungssystem

Das Herz jedes Wettbewerbs schlägt in seinem Bewertungssystem. Es verdient daher die größte Aufmerksamkeit, denn ohne ein gutes Bewertungssystem gibt es auch keinen guten oder gar effizienten Verkaufswettbewerb. Auch wenn sich der Begriff „Bewertung" im ersten Moment so anhört, als ob es sich dabei um etwas Nachträgliches handelt, geht es dabei tatsächlich um eine der wichtigsten Vorgaben für den Wettbewerb. Das Bewertungssystem schafft im Vorwege eines Wettbewerbs den Rahmen, innerhalb dessen die zukünftigen Ziele gesteckt und die erwarteten Leistungen der Teilnehmer beurteilt werden.

Chancen und Risiken beim Aufbau eines Bewertungssystems

Das Geheimnis eines guten Bewertungssystems und damit eines effizienten Verkaufswettbewerbs liegt im Endeffekt in der messbaren Motivation der gesamten Teilnehmerschaft. Dabei ist das dynamische Design eines Bewertungssystems entscheidend für die mögliche Mehrleistung, die mit einem Wettbewerb erzielt werden kann – denn nur wenn die individuellen Leistungslevel aller Teilnehmer in dem Bewertungssystem abgebildet und berücksichtigt werden, ist auch eine durchgängige Aktivierung und damit ein ganzheitlicher (Verkaufs-)Erfolg möglich. Aus diesem Grunde ist es von entscheidender Bedeutung, sich die Zielgruppe des geplanten Verkaufswettbewerbs im Vorfeld insbesondere unter dem Leistungsaspekt genau anzusehen: Wie groß ist die Gruppe der Top-Performer, des Mittelfelds und der Schlusslichter? Außerdem sollte man sich die Frage stellen, ob man – beispielsweise aus unternehmens- oder verkaufstaktischen Gründen – eine dieser Gruppen ganz besonders stark motivieren möchte und wie die jeweiligen Zielsetzungen genau aussehen sollten.

Anschließend kann mit der Ausarbeitung des Bewertungssystems begonnen werden. Generell sollte sich ein gutes Bewertungssystem durch Transparenz auszeichnen, gleiche Gewinnchancen für alle bieten und eine angemessene Anzahl an Gewinnern hervorbringen – und zwar nicht erst am Ende der Kampagne, sondern bei längerfristig angelegten Wettbewerben auch bereits zwischendurch! Die Gefahr eines schlechten oder untransparenten Bewertungssystems liegt darin, dass ein Großteil der Teilnehmer für sich keine Gewinnchancen erkennt und deshalb gar nicht erst versucht, die gesteckten Ziele zu erreichen, oder mitten im Wettbewerb abschaltet.

Was ist bei der Entwicklung eines Bewertungssystems zu beachten?

Wie eben schon erwähnt, müssen bei der Entwicklung eines Bewertungssystems verschiedene Fragestellungen berücksichtigt werden, um den individuellen Gegebenheiten der Zielgruppe gerecht werden zu können. Die beiden zentralen Fragen sind:

1. Wie generiere ich Mehrleistung bei möglichst allen Teilnehmern?

   Je mehr Teilnehmer zu mehr Leistung motiviert werden, desto erfolgreicher ist der Wettbewerb. Dafür muss die zu erreichende Mehrleistung natürlich auch exakt definiert werden, da sich aus diesen Zielsetzungen die späteren Messgrößen für die Leistungsbewertung ableiten.

2. Wie erzeuge ich möglichst viele Gewinner?

   Dabei hilft eine Strukturanalyse der potenziellen Teilnehmer hinsichtlich ihrer Leistungsfähigkeit, ihrer Berufserfahrung sowie der jeweiligen Rahmenbedingungen der Abteilung. Auf dieser Grundlage lassen sich dann die verschiedenen Leistungs- und Gewinnlevel ideal festlegen. Bei einer sehr heterogenen Teilnehmergruppe bietet sich gegebenenfalls die Einrichtung homogenerer Subgruppen mit variierenden Zielsetzungen an.

Weitere wichtige Fragestellungen bei der Entwicklung eines Bewertungssystems sind: Wen will ich mit meiner Incentive-Maßnahme erreichen – sind es eher die Top-Verkäufer oder mehr das breite Mittelfeld? Wie sehen die Bedürfnisse und Interessen meiner Zielgruppe eigentlich aus – sprich: Mit welchen Prämien kann sie am besten zu Mehrleistung motiviert werden, und braucht sie für eine langfristige Motivation vielleicht neben dem Hauptgewinn auch noch stimulierende Zwischengewinne? Die Beantwortung dieser Fragen muss vor der Konzeption eines Incentive-Wettbewerbs erfolgen, denn nur dann kann ein dazu passendes Wertungssystem entwickelt werden.

Die Möglichkeiten zur Ausarbeitung eines Wertungssystems sind vielfältig. Ein Wertungssystem, das allen Anforderungen zu 100 Prozent entspricht, gibt es leider nicht. Deshalb gilt es, die jeweiligen Vor- und Nachteile in Abhängigkeit von den jeweils herrschenden Rahmenbedingungen abzuwägen und das Wertungssystem möglichst optimal an die definierten Anforderungen und die potenzielle Zielgruppe anzupassen.

Typische Stolperfallen

Neben den bereits erwähnten zentralen Fragestellungen gilt es, darüber hinaus noch weitere Kriterien zu berücksichtigen, um am Ende ein erfolgreiches und vor allem funktionierendes Bewertungssystem zu haben.

Die Gewinnchancen: Wie schon mehrfach erwähnt, genügt es nicht, nur die Top Ten zu belohnen, sondern die breite Masse muss motiviert werden! Jeder Teilnehmer muss zu Beginn eines Incentives das Gefühl haben, dass er davon profitieren kann. Es muss deutlich gemacht werden, dass nicht immer nur die Gleichen gewinnen. Oft ist es aufgrund von Budget-Beschränkungen nicht möglich, jeden Teilnehmer zu belohnen – hier kann über Zwischenwertungen, Aufsteigerwertungen und Sonderwertungen motiviert und eine breitere Gewinnerbasis geschaffen werden.

Die Fairness: Das Wertungssystem sollte so aufgebaut sein, dass Leistung und Engagement belohnt werden. Alle Teilnehmer sollten gleiche Gewinnvoraussetzungen und vor allem realistische Gewinnchancen haben. Strukturelle Vor- und Nachteile sollten – wenn möglich – ausgeglichen werden. Außerdem sollte das Wertungssystem möglichst keine Schlupflöcher für Tricksereien offen lassen. Wobei an dieser Stelle gesagt sein muss: Wenn die Teilnehmer ein bisschen zu schummeln versuchen, ist dies in der Regel ein Indiz dafür, dass sie den Wettbewerb und die Prämien toll finden und unbedingt gewinnen wollen!

Die Transparenz: Für jeden Teilnehmer sollte während des Wettbewerbs deutlich werden, wie die Punkteberechnung erfolgt, der Ranglistenplatz zustande kommt und wie die Gewinnvoraussetzungen zu erfüllen sind. Nur so glauben die Teilnehmer auch an ihre „faire Gewinnchance" und ziehen die notwendige Motivation aus dem Incentive.

Das Verständnis: Die Frage „Was muss ich tun, um zu gewinnen?" sollte möglichst in ein oder zwei Sätzen beantwortet werden können. Hierzu ist es zwingend erforderlich, dass das Wertungssystem auf zwei, maximal drei Säulen (Produkten, Zielen) basiert. Dabei ist darauf zu achten, dass sich die Ziele nicht gegenseitig kannibalisieren. Ist es aus strategischen Gesichtspunkten notwendig, z. B. saisonal bedingt weitere Produkte/Ziele in das Incentive aufzunehmen, so sollte man dies über Zwischen- oder Sonderwertungen lösen und nicht alles gnadenlos in die Hauptwertungen mit hineinpacken.

Checkliste zur Entwicklung eines Bewertungssystems

Um die Wettbewerbssystematik möglichst optimal auf die jeweiligen Markt- und Vertriebsbedürfnisse abzustimmen, empfiehlt es sich, die Rahmenbedingungen einmal gezielt zu untersuchen, um die Wertungskriterien eng an dem betroffenen Verkaufsprozess auszurichten.

❗ PRAXISTIPP:

Bevor Sie ein Bewertungssystem für Ihren Verkaufswettbewerb entwickeln, sollten Sie die nachfolgenden Fragen für sich beantworten:

1. Welches sind meine wichtigsten Umsatztreiber?
2. Welche Mitarbeiter oder Abteilungen möchte ich zu Mehrleistung motivieren?
3. Wie sehen die Leistungslevel innerhalb meiner Zielgruppe aus?
4. Welche Interessen und Bedürfnisse hat meine Zielgruppe?
5. Auf welche (Umsatz-)Daten habe ich wie und in welchem Rhythmus Zugriff?
6. Macht es aufgrund der Zielsetzungen Sinn, verschiedene Zielgruppen miteinander zu kombinieren?
7. Soll es Team- und/oder Einzelwertung geben?
8. Wenn es sich um ein Händler-Incentive handelt: Wie kann ich meinen Außendienst integrieren bzw., wenn es ein ADM-Incentive ist, wie kann ich die Führungskräfte des Vertriebs integrieren?
9. Wie kann ich die Leistungen der verschiedenen Teilnehmer vergleichbar machen? Mögliche Optionen in diesem Zusammenhang:
   - Prozentuale Zielerreichung
   - Gruppeneinteilung
   - Standardabweichung
10. Wie produziere ich möglichst viele (Zwischen-)Gewinner?
11. Wie produziere ich gerade im Mittelfeld Mehrleistung und wie hole ich diesen Teil der Zielgruppe immer wieder ins Rennen?
12. Wie erkläre ich die Zielsetzungen und die damit zusammenhängende Bewertungssystematik so, dass sie von allen sofort verstanden werden?
13. Welche Regeln und Wertungen verwende ich, um mein vorhandenes Budget möglichst effizient zu verplanen und im Verlauf des Wettbewerbs auch einzuhalten?

5.2 Welche Bewertungssysteme gibt es?

Die Bandbreite der möglichen Bewertungssysteme ist sehr groß - das hat den Vorteil, dass sich eigentlich für jede Zielsetzung auch eine dazu passende Bewertungssystematik finden lässt. Der Nachteil ist, dass das große Angebot einen Incentive-Geber vor die Qual der Wahl stellt - es gilt das am besten zum eigenen Unternehmen passende System auszuwählen und für den eigenen Wettbewerb samt dessen Zielgruppe fein zu justieren. In diesem Kapitel werden die gängigsten Bewertungssysteme vorgestellt, wobei die Liste keinen Anspruch auf Vollständigkeit erhebt.

Offen und geschlossen

Abhängig von den jeweiligen motivatorischen und budgetären Überlegungen ist zunächst einmal zwischen einem offenen und einem geschlossenen Gewinnersystem zu unterscheiden. Bei dem offenen System ist die Gewinneranzahl unlimitiert, das heißt, jeder Teilnehmer, der etwas verkauft bzw. die vorgegebenen Ziele erreicht, gewinnt auch etwas. Der Vorteil dieser Variante ist die hohe Motivation aller Teilnehmer, da die individuelle Leistung jedes Einzelnen belohnt wird und es damit jeder selbst in der Hand hat zu gewinnen. Diesem Vorteil steht allerdings auch ein klarer Nachteil gegenüber: Das Prämienbudget lässt sich im Vorfeld nicht exakt kalkulieren - zumindest nicht in der puristischen Form des offenen Systems.

Bei geschlossenen Gewinnersystemen steht hingegen von Anfang an fest, wie viele Teilnehmer gewinnen werden, zum Beispiel die fünf Besten jeder Gruppe. Dies hat den großen Vorteil, dass eine kalkulierbare Budgetsicherheit gegeben ist. Allerdings hat der begrenzte Teilnehmerkreis den Nachteil, dass nicht jeder Teilnehmer gewinnen kann und damit eventuell auch nicht alle Teilnehmer motiviert sind, die gesteckten Ziele des Wettbewerbs zu erreichen.

In der Praxis sind Mixturen aus offenem und geschlossenem System nicht nur möglich, sondern in vielen Fällen auch sinnvoll. Ein intelligenter Mix stellt einen - oft durchaus empfehlenswerten - Kompromiss zwischen relativer Budgetsicherheit und möglichst hoher Motivationskraft dar.

Gewinntopf

Der sogenannte Gewinntopf – auch unter den Namen Jackpot, Punktecounter oder Windhundverfahren bekannt – ist in puncto Gewinneranzahl und Prämienbudget eine Kombination aus offenem und geschlossenem Wertungssystem. Hierbei handelt es sich allerdings nicht um ein Wettbewerbssystem, bei dem die „Crème de la Crème" mit einer hochwertigen Incentive-Reise belohnt wird, um sie emotional an den Incentive-Geber zu binden. Der Gewinntopf ist vielmehr ein Bonusprogramm für eine breite Teilnehmergruppe, bei dem es für jeden Einzelnen darum geht, Punkte zu sammeln und diese dann in Prämien einzutauschen.

Die Realisierung eines Wettbewerbs mit Gewinntopf ist relativ einfach: Vor dem eigentlichen Start des Wettbewerbs wird der Jackpot beispielsweise mit 500 000 Euro oder einer definierten Anzahl von Punkten gefüllt. Jeder Teilnehmer kann im Laufe des Wettbewerbs etwas davon gewinnen; wie viel er gewinnt, hängt einzig von seiner individuellen Leistung ab.

Gleichzeitig bietet der Jackpot einen hervorragenden thematischen Aufhänger für die wettbewerbsbegleitende Kommunikation. So können die Teilnehmer zu Beginn des Wettbewerbs entsprechend plakativ motiviert werden: „Es gibt Prämien im Wert von insgesamt 500 000 Punkten zu gewinnen; wer sich jetzt anstrengt, kann sich ein großes Stück von diesem Kuchen holen!" Dafür wird beispielsweise für jeden Verkaufsabschluss eine definierte Anzahl an Punkten vergeben und dem Teilnehmer auf seinem Konto gutgeschrieben. Gleichzeitig verringert sich der Inhalt des Jackpots um die Anzahl dieser gutgeschriebenen Punkte. Auf einer eigens für den Wettbewerb eingerichteten Online-Plattform kann der aktuelle Stand des Counters für alle Teilnehmer sichtbar gemacht werden. Ist der Inhalt des Gewinntopfs bei null angekommen, ist auch der Wettbewerb zu Ende – damit müssen die Teilnehmer möglichst frühzeitig viele Abschlüsse generieren, um sich einen entsprechend großen Teil des Jackpots zu sichern.

Für die Unternehmen hat das Jackpot-System gleich zwei Vorteile: Zum einen lässt sich durch die unmittelbare Belohnung der Leistung des einzelnen Teilnehmers eine enorme Beschleunigung beim Erreichen der gewünschten Absätze erzielen, zum anderen wird durch das spannende System die Leistung jedes Einzelnen bei 100-prozentiger Budgetsicherheit belohnt!

Beispiel für einen Gewinntopf

Branche des Kunden:	**Eingesetzte Maßnahme:**
Restaurant-Gesellschaft	Verkaufswettbewerb für Servicekräfte
Zielgruppe/Teilnehmeranzahl:	**Laufzeit:**
Außendienst 170 Servicekräfte aus 100 Restaurants	sechs Monate
Zielsetzung(en) der Maßnahme:	**Bewertungssystem:**
Abverkaufssteigerung von Zusatzverkaufsartikeln (Vorspeisen, Salate, Nachspeisen, Kaffee)	Einzelwertung mit Gewinntopf-System

Idee/Motto:

Jackpot Zusatzverkauf – der Wettbewerb um das gewisse Extra.

Umsetzung:

Es galt, ein aufmerksamkeitsstarkes und auf die individuelle Leistungssteigerung der einzelnen Servicekräfte zugeschnittenes Wertungssystem zu entwickeln. Jeder sollte eine Prämie gewinnen können. Zudem musste das Bewertungssystem auf die sehr individuellen Arbeitszeiten (Teilzeit etc.) Rücksicht nehmen.

Wertungskriterien:

Jede Woche wurde deutschlandweit das wöchentliche Verhältnis der Anzahl an verkauften Zusatzverkaufsartikeln zu verkauften Hauptspeisen ermittelt. Das errechnete Verhältnis (Prozent Bundesschnitt) war der wöchentliche Maßstab. Für jeden Teilnehmer wurde das gleiche Verhältnis errechnet.

Alle Servicekräfte, die über Bundesschnitt lagen, erhielten Jackpot-Coins im Wert von 2 Euro pro Prozentpunkt, den sie über Schnitt lagen. Die Coins konnten gesammelt und zum Schluss in Einkaufsgutscheine eingetauscht werden.

Zur Budgetbegrenzung wurde ein Gewinntopf zum Wettbewerbsbeginn bekannt gegeben: 50 000 Euro = der maximal auszuschüttende Coin-Betrag.

Jede Woche wurden die erarbeiteten Coins an die Teilnehmer verschickt und der Wert des Jackpots verringerte sich entsprechend um diese Anzahl von Coins. In dem Moment, wo der Jackpot leer war, war auch der Wettbewerb zu Ende.

Eingesetzte Prämien:

Einkaufsgutscheine vom Versandhaus Quelle.

Bonusprogramm

Ein Bonusprogramm ist ein ganzheitlicher Belohnungsansatz, bei dem die Leistung aller Teilnehmer honoriert wird – unabhängig davon, was die Mitstreiter innerhalb des Programms leisten. Die Funktionsweise eines Bonusprogramms beruht darauf, dass die Mitglieder dieses Programms im Gegenzug für eine erbrachte Leistung eine Belohnung erhalten. Dies kann in Form von Punkten oder Gutscheinen erfolgen, die entsprechend gesammelt und bei Erreichen einer definierten Menge später in Sachprämien umgetauscht werden können.

Diese Systematik birgt eine Reihe von Vorteilen: Da jeder Teilnehmer etwas gewinnen kann, sind auch alle motiviert – zumal für alle Chancengleichheit besteht. Ein Bonusprogramm baut ferner einen linearen Zusammenhang zwischen Leistung und Belohnung auf – damit sorgt es gleichzeitig für eine engere emotionale Bindung der Teilnehmer an den Incentive-Geber. Aus diesem Grunde sollte es allerdings auch langfristig angelegt sein, damit beide Seiten von den positiven Effekten profitieren können. Bei einer längeren Laufzeit lassen sich dann auch gut regelmäßige Arbeits- und Prozessabläufe in das Bonusprogramm einbinden, indem z. B. für verkaufsrelevante, aber vielleicht sehr unbeliebte Tätigkeiten Extra-Punkte verteilt werden. Darüber hinaus kann ein Bonusprogramm auch mit taktischen Verkaufsförderungsaktionen angereichert werden, indem beispielsweise während definierter Zeiträume bestimmte Produkte oder Leistungen mit attraktiven Extra-Punkten belohnt werden.

Bei einem Bonusprogramm besteht jedoch oft die Gefahr, dass es zu einem selbstverständlichen Alltagsbestandteil wird und irgendwann nicht mehr wirklich wahrgenommen wird. Um dem entgegenzuwirken, muss ein emotionales Kommunikationsgerüst um das Bonusprogramm gebaut werden, das immer wieder darauf aufmerksam macht und den belohnenden Charakter als Besonderheit betont.

Beispiel für ein Bonusprogramm

Branche des Kunden:	Eingesetzte Maßnahme:
Farben- und Lacke-Hersteller	Anreizsystem für Malerbetriebe

Zielgruppe/Teilnehmeranzahl:	Laufzeit:
Außendienst 8 000 Malerbetriebe, die bei 100 Großhändlern einkaufen	zwölf Monate – on going

Zielsetzung(en) der Maßnahme:	Bewertungssystem:
Absatzsteigerung. Treue belohnen. Infos zum Kaufverhalten sammeln. Steuern der POS-Aktivitäten im Großhandel.	Flexibles Punktesystem

Idee/Motto:

Die **Farben-Offensive**. Ziel des Baufarbenherstellers war es, seine Produktinformationen und Verkaufsförderungsmaßnahmen für Handel und Malerbetriebe in Deutschland zu optimieren und sich damit sowohl bei den Händlern als auch den Endkunden als langfristiger Partner zu etablieren.

Umsetzung:

Um alle Zielsetzungen verwirklichen zu können, wurde ein verkaufsförderndes Loyalitätsprogramm mit einer umfassenden CRM-Systematik entwickelt. Diese ermöglichte eine zielgruppenadäquate Ansprache und Information aller Beteiligten in der Vertriebskette – vom Hersteller und seinem Außendienst über den (Groß-)Handel bis hin zu den Kunden (Malermeistern). Kernelement war ein Kommunikations- und Prämienportal mit integrierter Datenbank, über das die Verwaltung von Punktekonten, das Monitoring der Verkaufsprozesse, Großhandels-Informationen, die Steuerung der POS-Materialien und Promotions sowie das Training des Außendiensts koordiniert werden konnten. Maßgeschneiderte Promotion-Tools für Außendienst und Handel rundeten das Maßnahmen-Paket ab.

Wertungskriterien:

Welche Produkte und Mengen der einzelne Maler beim Großhandel kaufte, war dem Hersteller bis dato nicht bekannt. Mit dem Start der Farben-Offensive wurden alle am Bonusprogramm teilnehmenden Produkte mit mehrlagigen Etiketten und Punkteaufklebern versehen. Durch das zudem auf den Deckeln ausgewählter Produkte platzierte Aktionslogo wurden die Käufer zum Mitmachen aufgefordert. Die Aufkleber konnten offline in Sammelheften gesammelt oder über einen freizurubbelnden Code vom Maler direkt auf dem Online-Portal auf dem Konto gutgeschrieben werden. Je nach Produkt und Zeitraum variierte die Punktezahl.

Eingesetzte Prämien:

Umfangreicher Online-Prämienkatalog mit Sach- und Erlebnisprämien sowie Werbematerialien und Trainingsangebote.

Eingesetzte Kommunikationsmaßnahmen:

Die Kommunikation erfolgte auf verschiedenen Kanälen, wobei ein prägnantes Aktionslogo als roter Faden für alle Kommunikationsmaßnahmen diente:

▶ Außendienst: Starterpaket, Training und monatliche Reportings.

▶ Großhandel: Monatliche Außendienstbetreuung. Fax-Kommunikation. Großes Board zum Anklippen von Faxen und Aktionsinfos. Und POS-Promotionaktionen (je nach GH-Größe und Aktivität).

▶ Maler: Monatliche Aktionsfaxe – ganz bewusst per Fax, da dies einen sehr viel höheren Aufmerksamkeitseffekt beim Maler als ein Mailing hatte. Inhalt: Verkaufsförderungsaktionen. Sonderpunkte – abgestimmt auf sein Kaufverhalten. Quiz und Gewinnspiele. Punktestände.

Umsatzsystem

Beim Umsatzsystem geht es darum, den höchsten Umsatz einzelner Teilnehmer zu belohnen, das heißt, wer viel verkauft, bekommt auch eine entsprechend hohe Belohnung. Aufgrund dieser ausschließlichen Fokussierung auf die absolute Leistung ist diese Variante als Bewertungssystem nicht sehr geläufig, weil sich damit nicht das ganze Feld der Teilnehmer motivieren lässt. Zudem besteht die Gefahr, dass sich die Teilnehmer nur noch auf das Generieren des Umsatzes konzentrieren und die eigentlichen Bedürfnisse des Kunden dabei in den Hintergrund rücken.

Dennoch hat das Umsatzsystem durchaus seine Daseinsberechtigung – vor allem als Sonder- oder Zwischenwertung in einem Wettbewerb. Die Vorteile des Umsatzsystems liegen auf der Hand: Die einfache Auswertungsbasis – nämlich die ausschließliche Belohnung der Allerbesten – sorgt für eine hohe Transparenz und einfache Nachvollziehbarkeit für alle Teilnehmer. Darüber hinaus lässt sich so innerhalb einer kurzen Zeitspanne zügig eine Umsatzsteigerung unter den Top-Leuten erzielen. In der Fokussierung auf die Spitzenverkäufer liegt allerdings auch ein Nachteil, da bei diesem Bewertungssystem immer nur die „Großen" gewinnen können; für die „Kleinen" fehlen hier die Anreize. Allerdings gibt es durchaus Situationen, in denen ein Unternehmen gute Gründe haben kann, ausschließlich den reinen Umsatz für die Bewertung heranzuziehen: beispielsweise im Rahmen einer Neuprodukteinführung. Hier geht es in der Regel darum, innerhalb kurzer Zeit ein möglichst hohes Umsatzniveau im Markt zu erreichen – vielfach ohne dass sich bereits konkrete Zielvorgaben für die einzelnen Teilnehmer definieren lassen. In diesem Fall stellt das Umsatzsystem und damit die Motivation der Top-Verkäufer die beste Variante dar.

Grundsätzlich lässt sich der Nachteil des Umsatzsystems – nämlich die reine Fokussierung auf die Top-Verkäufer – aber bis zu einem gewissen Maße ausgleichen. Eine Möglichkeit ist beispielsweise die Durchführung eines zweimonatigen Pre-Wettbewerbs. Anschließend werden die Teilnehmer in Volumengruppen – skaliert nach bestimmten Umsatzstaffeln – für den eigentlichen Hauptwettbewerb eingeteilt, in dem dann pro Gruppe die umsatzstärksten Teilnehmer gewinnen.

Zielerreichungssystem

Generell werden in den meisten Unternehmen sogenannte Zielvereinbarungen mit den Mitarbeitern getroffen, in denen sich beide Parteien auf die Realisierung bestimmter Ziele oder Projekte einigen. Aus der Definition des Ziels ergibt sich eine bestimmte Messgröße sowie deren Zielhöhe – Letztere kann auch in Beziehung zu einem Bezugswert gesetzt werden. Auf diesem Prinzip beruht auch das Zielerreichungssystem: Hier erfolgt die Bewertung der Teilnehmer in relativer Abhängigkeit zu einer Basisgröße. Diese Basisgröße können entweder eine Vergleichsgröße aus dem Vorjahr oder die zu Beginn eines Jahres definierten Ziele sein. Der Vorteil dieses relativen Ansatzes liegt darin, dass der Einfluss von Volumeneffekten kleiner bleibt als bei einem absoluten Ansatz. Gleichzeitig ist der Motivationsfaktor bei diesem System sehr hoch, da auf konkrete – und damit in der Regel abgestimmte und realistische – Ziele hingearbeitet wird.

Allerdings ist beim Zielerreichungssystem zu beachten, dass ein Teilnehmer mit der Zielvorgabe 1 000 es deutlich schwerer hat, sein Ziel um 100 Prozent zu übertreffen, als ein Teilnehmer, der 1 als Zielvorgabe hat. In der Folge können sich die „kleinen" Teilnehmer bei diesem System gegenüber den „großen" Teilnehmern mit deutlich weniger Aufwand steigern – was in Einzelfällen ja aber auch durchaus gewünscht sein kann, um statt den Spitzenleuten auch dem breiten Mittelfeld einmal eine Chance einzuräumen.

Generell lässt sich dieser Nachteil des Zielerreichungssystems aber durch einfache Ergänzungen der Wettbewerbssystematik ausgleichen: Um die Teilnehmer mit den hohen Zielvorgaben nicht zu benachteiligen, werden Volumengruppen gebildet. Dabei lassen sich über entsprechende Teilnahmebedingungen bereits im Vorfeld die Teilnehmer selektieren, die es aufgrund ihres Volumens besonders leicht haben, eine hohe relative Steigerung zu erzielen, und die damit über eine extrem hohe Gewinnchance verfügen. Diese werden in einer speziellen Gruppe zusammengefasst, in der nur dann gewonnen werden kann, wenn neben den relativen Steigerungen auch vorab definierte absolute Mehrleistungen im Vergleich zur Basisgröße erreicht wurden.

Beispiel für ein Zielerreichungssystem

Branche des Kunden:	Eingesetzte Maßnahme:
Automobilhersteller	Verkaufswettbewerb für Autohaus-Inhaber
Zielgruppe/Teilnehmeranzahl:	**Laufzeit:**
Außendienst 300 Inhaber/Geschäftsführer von Autohäusern	Vier Monate, September bis Dezember
Zielsetzung(en) der Maßnahme:	**Bewertungssystem:**
Jahresendspurt: Jahresergebnis sichern	Zielerreichung/-überschreitung des Jahres-ziels. Einteilung in Volumengruppen.

Idee/Motto:

Caribbean Ocean Race – go for the goal!

Umsetzung:

Die Autohäuser wurden eingeladen, am Jahresendspurt-Incentive teilzunehmen. Eingeteilt in acht Volumengruppen (Basis: Jahresverkaufsvolumen) ging es für die Teilnehmer darum, je Carline die Jahresziele zu erreichen bzw. zu überschreiten.

Wertungskriterien:

Auf Basis der Jahreszielerreichungen wurden je Volumengruppe Ranglisten gebildet.

Eingesetzte Prämien:

Die besten 40 Händler und deren Partner wurden auf eine siebentägige Karibik-Segelkreuz-fahrt eingeladen. Die atemberaubende Route des exklusiv gecharterten Vollseglers: Saint-Martin, British Virgin Islands, Virgin Gorda, Jost Van Dyke, St. Kitts, Dominica.

Eingesetzte Kommunikationsmaßnahmen:

Eine im Wettbewerbsdesign gestaltete Aktionsbroschüre, Aktionsbriefpapier, Aktionsauf-kleber und eine spezielle Aktionswebsite versorgten die Teilnehmer mit allen Informationen rund um den Wettbewerb. Die monatliche Kommunikation wurde mit diversen Gimmicks – von der Flaschenpost über Kokosnüsse, Reggae-CDs und Gewürze bis hin zu Schiffspro-spekten – schmackhaft angereichert. Auf der Aktionswebsite wurden regelmäßige Details der Reise veröffentlicht, Videos platziert und die aktuellen Ranglisten veröffentlicht.

Über-Durchschnittssystem

Dieses Bewertungssystem eignet sich zum einen sehr gut für den Einsatz auf regionaler Ebene. Im Rahmen eines lokalen Wettbewerbs gewinnen dabei bei-spielsweise diejenigen Außendienstmitarbeiter einer Region, die am Ende über dem jeweiligen Gesamtdurchschnitt des betroffenen Gebiets liegen. Die Bewer-tungsmechanik hinter dem Über-Durchschnittssystem sorgt dabei nicht nur für eine hohe Motivation aller Teilnehmer, sondern hebt das Leistungsniveau insge-samt an: Je mehr sich alle Außendienstmitarbeiter anstrengen, desto höher wird automatisch das Durchschnittsniveau. Auf diese Weise lassen sich sehr gute Im-pulse für regionale Steigerungen setzen.

Zum anderen kann das Über-Durchschnittssystem auch in der Kombination von regionalen und überregionalen Wettbewerben eingesetzt werden. Denkbar ist hier folgender Ansatz: Im ersten Drittel des Wettbewerbs werden die jeweils überdurch-schnittlichsten Außendienstmitarbeiter je Region – beispielsweise Nielsen-Gebie-te oder Bundesländer – ermittelt. Im zweiten Drittel des Wettbewerbs werden die Sieger aus den einzelnen Regionen in neuen Gruppen zusammengefasst und nach der gleichen Systematik nun wieder die überdurchschnittlichsten Außendienst-mitarbeiter der neuen Gruppen ermittelt. Im letzten Drittel treten dann die jewei-ligen Sieger zum großen Finale an, in dem der deutschlandweite Top-Performer er-mittelt wird.

Abbildung 5.6 Das Über-Durchschnittssystem

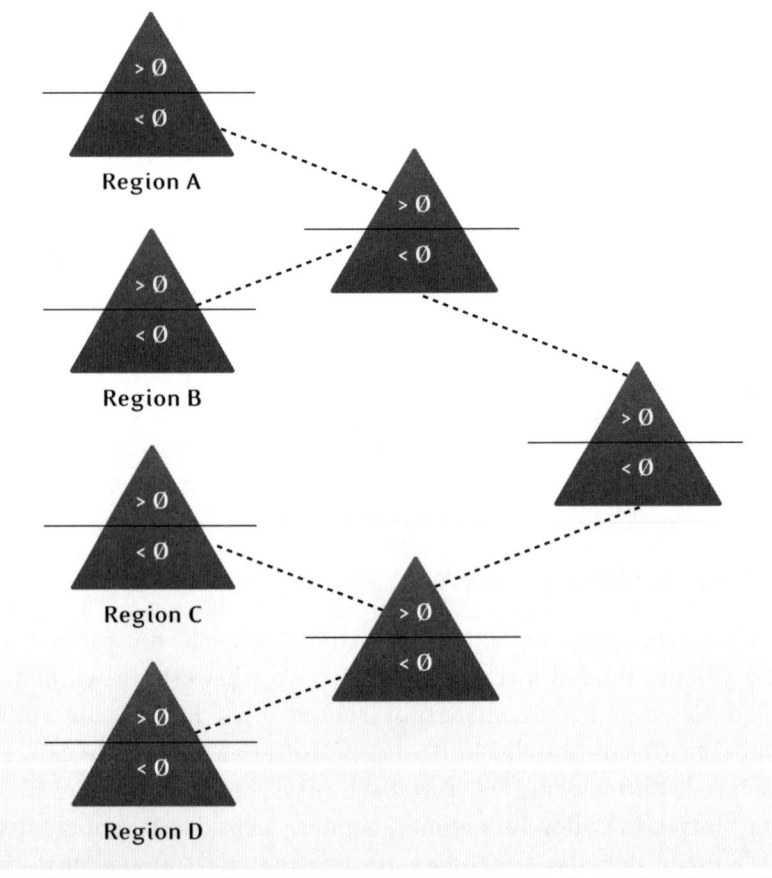

Die Wette

Die Wettmechanik eignet sich besonders gut zum Verpacken harter Ziele, wobei sie auf der persönlichen Ebene durch die damit verbundene Herausforderung sehr emotional und damit besonders anspornend und verbindend ist. Die Wette beruht auf einer ganz einfachen Bewertungssystematik: Pro Teilnehmer wird vor dem Start des Wettbewerbs ein individuelles Verkaufsziel definiert. Anschießend kann jeder Teilnehmer frei entscheiden, ob er seine Gewinnchancen durch die Annahme einer persönlichen Wette steigern möchte. Jedem Teilnehmer steht es dabei frei, die ihm seitens des Incentive-Gebers angebotene Wette anzunehmen oder abzulehnen.

In der Praxis kann das wie im nachfolgenden Beispiel aussehen: Das Verkaufsziel des Teilnehmers sind 100 Einheiten. Das anschließende Wettangebot seitens des Incentive-Gebers an ihn lautet: „Wettest Du mit mir, dass Du mehr als 100 Einheiten schaffst?" Mit der Annahme der Wette kann der Teilnehmer seinen Gewinn für die verkauften Einheiten steigern. Verkauft der Teilnehmer in der Folge beispielsweise statt der geforderten 100 Einheiten 120 Einheiten, bekommt er pro verkaufte Einheit 20 Euro. Schafft er bei Annahme der Wette noch nicht einmal die ursprünglich geforderten 100 Einheiten, bekommt er nur 5 Euro pro verkaufte Einheit - oder auch gar nichts.

Um auch diejenigen, die die Wette ablehnen, in den Wettbewerb einzubinden, kann man die Mechanik erweitern und diesen Teilnehmern beispielsweise 10 Euro pro verkaufte Einheit anbieten. So lassen sich alle Teilnehmer motivieren, wobei die besonders Ehrgeizigen ihre Gewinnchancen durch die Annahme der Wette erhöhen können - natürlich unter Eingehung des Risikos, die Wette auch mal nicht zu gewinnen!

Beispiel für die Wette

Branche des Kunden:	Eingesetzte Maßnahme:
Telekommunikation – Mobilfunk-Provider	Verkaufswettbewerb für Fachhandelsverkäufer
Zielgruppe/Teilnehmeranzahl:	**Laufzeit:**
Außendienst 700 Mobilfunk-Verkäufer	fünf Monate, Januar bis Mai
Zielsetzung(en) der Maßnahme:	**Bewertungssystem:**
Steigern der Vertragsabschlüsse im Vergleich zum Vorjahreszeitraum	Die Wette: Mehr verkaufen als im Vorjahr

Idee/Motto:
Neues Spiel. Neues Glück. **Joker Poker** – wer was riskiert, kassiert! Unter diesem Motto tauchten die Teilnehmer in die Gambling-Welt der 20er-Jahre in den USA ein.

Umsetzung:

Ursprünglich wollten die verwöhnten Mobilfunk-Händler nicht, dass ihnen ein Verkaufsziel vorgesetzt wird. (Denn zu der Zeit konnten sie sich noch aussuchen, welches Incentive sie denn gerne hätten *Anm. des Autors). Über die Wettmechanik konnte dieses Problem elegant umschifft werden und die Teilnehmer wurden emotional bei der Ehre gepackt.

Wertungskriterien:

Für jede Freischaltung erhielt der jeweilige Teilnehmer 10 Euro in Form von Gutscheinen. Oder er erhöhte durch die Wettannahme den Einsatz, dann konnte er 20 Euro daraus machen. Dazu wurde entsprechend des Vorjahreszeitraums pro Teilnehmer ein Wettbewerbsziel ermittelt und via eines „Wettscheins" ein individuelles Wettangebot unterbreitet. Nahm der Verkäufer die Wette an und erreichte bzw. überschritt er das Ziel, gab es 20 Euro auf die Hand (als Gutschein). Schaffte er sein Ziel nicht, gab es nur 5 Euro in Form von einem Gutschein.

Wer nicht wetten wollte, bekam für jede Freischaltung die eingangs genannten

10 Euro als Gutschein.

Um auch schon zwischendrin für Gewinner und Aufmerksamkeit zu sorgen, wurden jeden Monat zudem in der „Royal Flush Lotterie" unter allen Freischaltungen Sachpreise verlost.

Eingesetzte Prämien:

Sammelbare Einkaufsgutscheine für die erreichten Freischaltungen:

▶ 10 Euro – ohne Risiko,

▶ 20 Euro – für erfolgreiche Zocker,

▶ 5 Euro – für verzockte Wetten.

Zwischenprämien im Rahmen der „Royal Flush Lotterie": Gambler Trip nach Chicago oder eine original Slot-Machine oder drei Tausender in bar.

Eingesetzte Kommunikationsmaßnahmen:

Das gesamte Kommunikationsdesign stand passend zum Wettbewerbsmotto ganz im Zeichen des 20er-Jahre-Looks, das heißt Broschüre im verrauchten Papier, Zigarrenmailings, ein Hut zum Selberbasteln, ein offizieller cooler Wettschein und Spielkarten im Aktionsdesign. Monatliche Motivationsmailings mit den aktuellen Zwischenständen sorgten für kontinuierliche Aufmerksamkeit und Spannung.

Selbsteinschätzung

Bei der Selbsteinschätzung hat der Mitarbeiter die Definition der Bewertungskriterien selbst in der Hand. Bei diesem Bewertungssystem werden die Teilnehmer vor dem Wettbewerb in Einzelgesprächen zum Beispiel gefragt, wie viele Einheiten sie im Verlauf des Wettbewerbs zu verkaufen gedenken. Durch die Nennung einer konkreten Zahl gibt der Teilnehmer seine ganz persönliche Selbstverpflichtung ab. Psychologisch wirkt dies fast wie ein Versprechen und der Teilnehmer wird sich im Laufe des Wettbewerbs daher größte Mühe geben, es zu erfüllen – allein schon um zu beweisen, dass er in der Lage ist, seine Leistung richtig einzuschätzen!

Die Motivation und die Emotion der Teilnehmer sind bei dieser Systematik sehr hoch, was zu einem entsprechenden Engagement und damit zur gewünschten Zielerreichung führt. Allerdings sollten die Selbsteinschätzungen der Teilnehmer auch mit den Vertriebszielen übereinstimmen. Ist dies nicht der Fall – zum Beispiel weil sich der Mitarbeiter nur sehr wenig zutraut –, muss im Voraus gemeinsam eine realistische Zahl vereinbart werden, die den Mitarbeiter nicht überfordert, ihn aber durchaus zu der gewünschten Mehrleistung anspornt. Im gegenteiligen Fall – der Mitarbeiter ist besonders ehrgeizig und nennt daher eine sehr hohe Zahl – ist darauf zu achten, dass die genannte Leistung auch in der Praxis erreichbar ist, um Frustrationen der Top-Leute zu vermeiden.

Teamtipp

Der Teamtipp eignet sich sehr gut für Team-Wettbewerbe im Außendienst. Durch seinen Tipp-Charakter stärkt er gleichzeitig auch den Teamgeist und das „Wir-Gefühl" unter den teilnehmenden Außendienstlern. Er lässt sich auch gut auf Distriktebene einsetzen: Dabei gibt jedes Distriktteam vor dem Wettbewerb einen Tipp darüber ab, welches (Verkaufs-)Ergebnis oder welche Ranglistenplätze es selbst und die Teams der anderen Distrikte im Laufe des Wettbewerbs erreichen werden. Anhand der Quoten – basierend auf dem Durchschnittswert aus allen abgegebenen Tipps – wird eine Tipp-Rangliste erstellt und allen Teams mit dem Kickoff zum Auftakt des Wettbewerbs vorgestellt. Dieses Tipp-Ranking hat eine hohe Motivationswirkung für den Wettbewerb: Die hoch eingeschätzten Teams wollen beweisen, dass sie zu Recht ganz nach oben gesetzt wurden; die ans untere Ende der Rangliste getippten Teams treten unter dem Motto an: „Denen werden wir's zeigen!", und wollen demonstrieren, dass sie eine deutlich bessere Leistung als erwartet bringen können.

Der Cut

Dieses ist eine wirkungsvolle Variante, um ohne die Bildung von Volumengruppen möglichst viele Teilnehmer aktiv im Wettbewerb zu halten. Ziel ist es, die Gewinnchancen auf den Hauptgewinn für möglichst viele erheblich zu vergrößern.

Diese Systematik eignet sich allerdings nur für längerfristig (ab neun Monate) angelegte Wettbewerbe.

Der „Cut" funktioniert wie folgt: Die Teilnehmer sammeln während der gesamten Laufzeit Punkte. Am Ende des Wettbewerbs werden z. B. die 50 (Punkt-)besten Teilnehmer Mitglied im „Club der Besten". Dabei werden aber die Punkte während des laufenden Wettbewerbs nicht einfach addiert, sondern es wird monatlich auf den jeweils auf Platz 50 liegenden Teilnehmer geschaut. Bei ihm wird der sogenannte Cut gemacht und die Teilnehmer von Platz 1 bis 50 erhalten „nur" dessen Punktzahl gutgeschrieben. So wird verhindert, dass sich schon nach kurzer Zeit eine Spitzengruppe bildet und sich vom Rest des Felds absetzt und die restlichen Teilnehmer demotiviert sind. Als zusätzliche Motivation bietet es sich an, die Cut-Systematik mit einem klassischen Punktesammelsystem zu verbinden. Konkret bedeutet das, dass die Teilnehmer am Ende des Wettbewerbs *alle* erworbenen Punkte in Sachprämien eintauschen können.

Die Schwelle

Dieses Bewertungssystem eignet sich sehr gut, um die Teilnehmer eines Verkaufswettbewerbs in gezielten Wellen zu mehr Leistung zu motivieren. Dieser Effekt wird dadurch erreicht, dass nicht jeder einzelne Verkaufsabschluss sofort belohnt wird, sondern erst das Erreichen einer definierten Anzahl von Abschlüssen – also das Überschreiten der genannten „Abschluss"-Schwelle – mit einer Prämie belohnt wird. In der Praxis kann das beispielsweise so aussehen, dass der Teilnehmer bei sechs erzielten Abschlüssen eine Prämie im Wert von 50 Euro erhält. Diese Variante lässt sich – abhängig von der Art und Dauer des Wettbewerbs – auch noch steigern, indem der Teilnehmer für die ersten sechs Abschlüsse 50 Euro erhält, für die zweiten sechs Abschlüsse 75 Euro und ab den dritten sechs Abschlüssen 100 Euro. Die zyklische Ausschüttung von Belohnungen sorgt für eine nachhaltige Stimulanz der Teilnehmer und hilft gleichzeitig, die gewünschten Umsatz- oder Abverkaufsziele noch besser zu erreichen. Zudem ist die Schwelle budgetschonend, da nicht jeder Verkauf belohnt wird.

5.3 Wie kann man für zusätzliche Gewinner sorgen?

Vorab zunächst ein kurzer Exkurs, weshalb man bei einem Verkaufswettbewerb überhaupt für zusätzliche Gewinner sorgen sollte. Grundsätzlich liegt es in der Natur eines Wettbewerbs, dass am Ende die x Besten einen Hauptpreis gewinnen und der Rest leer ausgeht bzw. sich im besten Falle sagt: „Dabei sein ist alles!". Auf der anderen Seite soll ein Wettbewerb aber nach Möglichkeit *alle* Teilnehmer zu Mehrleistungen motivieren - und das funktioniert nur, wenn alle Teilnehmer bis zum Ende bei der Stange gehalten werden, auch wenn sie nicht den Hauptpreis gewinnen. An dieser Stelle sei noch einmal auf den eingangs bereits erwähnten Vergleich zwischen Wettbewerben und einem 10 000-Meter-Lauf bei den Olympischen Spielen verwiesen: Spätestens nach der Hälfte des Laufs werden sich eine Spitzen-Gruppe, ein Mittelfeld und ein paar Schlusslichter gebildet haben - aber alle Läufer werden unabhängig von ihrer aktuellen Position bis zum Schluss ihr Bestes geben, um mit einer möglichst guten Zeit ins Ziel zu kommen. Beim olympischen Wettkampf ist die intrinsische Motivation schon allein deshalb gegeben, weil es sich um die Teilnahme bei einem sporthistorischen Wettkampf und die damit verbundene grundsätzliche Anerkennung handelt.

Erfahrungsgemäß sieht dies bei einem Verkaufswettbewerb leider anders aus: Nach der Hälfte der Zeit lassen sich beim Mittelfeld und den Schlusslichtern meistens Ausstiegstendenzen erkennen - die Teilnehmer wollen aufgrund der fehlenden Chancen auf den Hauptgewinn nicht mehr mitmachen, weil ihnen die intrinsische Motivation fehlt. Um den Verkaufswettbewerb aber trotzdem zu einem ganzheitlichen Erfolg für das Unternehmen zu machen, darf es in diesem Falle nicht nur Hauptgewinner geben, sondern es muss darüber hinaus zusätzliche Gewinnchancen gegen den Motivationsknick geben. Dies kann beispielsweise mit der Einführung von Zwischenwertungen erreicht werden: Sie schaffen zusätzliche Gewinnchancen - zwar nicht auf den Hauptgewinn, aber auf attraktive Zwischengewinne - und sorgen damit wieder für neue intrinsische Motivation! Mit unterschiedlichen Ansätzen bzw. Systematiken lassen sich die Zwischenwertungen problemlos passend zum jeweiligen Wettbewerb und zu den daran teilnehmenden Zielgruppen konzipieren.

Zwischenwertungen

Entgegen immer wieder geäußerten Einwänden sind Zwischenwertungen oder Sonderwertungen keineswegs verwirrend für die Teilnehmer und sie verursachen auch keine unnötigen Kosten. Im Gegenteil, intelligent konzipierte Maßnahmen zur Zwischenmotivation tragen entscheidend zum Erfolg des Wettbewerbs bei:

▶ Sie lenken immer wieder die Aufmerksamkeit der Teilnehmer auf den Wettbewerb und die damit verbundenen Zielsetzungen.

▶ Sie generieren schon vor Ende des Wettbewerbs große und kleine Gewinner und erhöhen damit die Akzeptanz der Maßnahme.

▶ Sie bieten eine ideale Möglichkeit, gerade das Mittelfeld und Nachzügler zu aktivieren und im Rennen zu halten.

▶ Sie vermeiden Frust bei den Teilnehmern, die ihre Chancen auf den Hauptgewinn schwinden sehen.

Abbildung 5.7 Zwischenwertungen

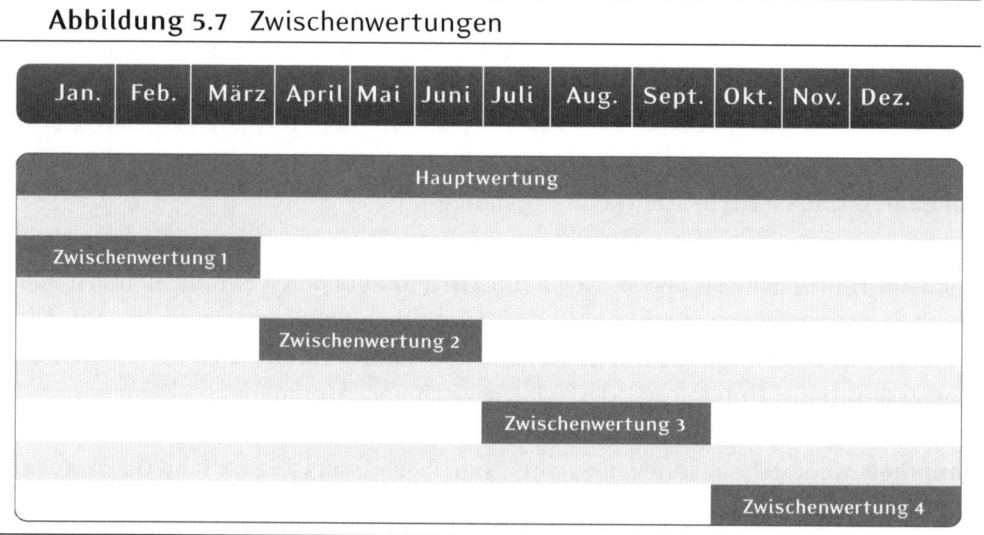

Damit die Zwischenwertungen ihre volle Motivationskraft entfalten können, ist es allerdings wichtig, dass die Zwischenergebnisse zeitnah ausgewertet und kommuniziert werden – das erhöht zudem bei allen Teilnehmern die Vorfreude und damit das Engagement für die nächste Zwischenwertung. Um eine schnelle Ergebnisveröffentlichung zu gewährleisten, muss die Entscheidung für ein (Zwischen-)Wertungssystem immer in Übereinstimmung mit den Möglichkeiten der vorhandenen IT getroffen werden, denn diese muss die Bewertungskriterien für die Auswertung zeitnah erfassen und abbilden können.

Abbildung 5.8 Hauptwertung

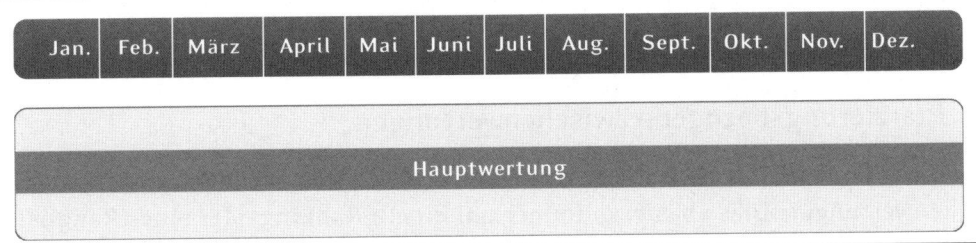

| Jan. | Feb. | März | April | Mai | Juni | Juli | Aug. | Sept. | Okt. | Nov. | Dez. |

Hauptwertung

Zwischenwertungen müssen nicht mit den Kriterien der Hauptwertung verknüpft sein – das Gegenteil erweist sich häufig am wirkungsvollsten. Die Entwicklung eigenständiger Kriterien für die Zwischenwertungen steigert nicht nur die Aufmerksamkeit der Teilnehmer für diese Maßnahmen, sondern durch das Setzen neuer Maßstäbe kann gegebenenfalls auch auf die individuellen Fähigkeiten des Mittelfelds und der Schlussgruppe eingegangen werden.

Damit die Zwischenwertungen ihre volle Schlagkraft entfalten können, gilt es bei ihrer Konzeption einige formale Details zu beachten:

▶ Zwischenwertungen sollten so **unkompliziert** wie möglich sein – das heißt, sie sollten aus einfachen Kriterien bestehen, die sich die Teilnehmer leicht merken können.

▶ Ein **Überraschungseffekt** erhöht die Wirkung einer Zwischenwertung – das heißt, die Einführung von Zwischenwertungen sollte kurzfristig bekannt gegeben werden und nicht gleich zu Beginn des Wettbewerbs. So bleibt das durchführende Unternehmen flexibel und kann taktisch auf bestimmte Marktsituationen reagieren. Vor allem aber werden die Teilnehmer nicht dazu verführt, ihre Aktivitäten im Hinblick auf die Sonderwertungen und -gewinne zu planen, also zum Beispiel Abschlüsse zu schieben, zurückzuhalten oder zu bunkern.

▶ Zwischenwertungen leben von ihrer **Großzügigkeit** – sprich, sie sollten so gestaltet sein, dass es viele Gewinner gibt. Dabei müssen nicht unbedingt hochwertige Prämien ausgeschüttet werden, kleine, witzige Präsente sind genauso wirkungsvoll. Es geht hier vor allem um Ehre, Anerkennung, Lob und Freude.

▶ Entscheidend ist, dass auch oder gerade die **Hinterbänkler** angespornt werden, daher sollten Zwischenwertungen eher auf die schwächeren Teilnehmer zugeschnitten sein, um mit einem Zwischengewinn deren endgültigen Ausstieg aus dem Wettbewerb zu verhindern.

▶ **Emotionen** sind eine entscheidende Komponente bei den Zwischenwertungen: Der bewusste Einbau von Überraschungselementen und persönlicher Anerkennung erhöht das emotionale Engagement der Teilnehmer.

Generell wird bei Zwischenwertungen zwischen zwei Ansätzen unterschieden – dem platzierungsbezogenen und dem verkaufsbezogenen. Die damit verbundenen Optionen werden nachfolgend genauer vorgestellt.

Platzierungsbezogene Zwischenwertungen

Eine Variante der Zwischenwertungen sind die platzierungsbezogenen Zwischenwertungen. Diese basieren immer auf einem Ranking oder einer Rangliste, das heißt, die Position der einzelnen Teilnehmer im Gesamtfeld wird hier als Bewertungsgrundlage herangezogen. Mit ihrer Hilfe lassen sich sehr gut kurzfristige Motivationsimpulse setzen, indem die aktuell vorn liegenden Teilnehmer belohnt werden, den anderen Teilnehmern aber signalisiert wird, dass sie bei stärkerem Engagement in der nächsten Zwischenwertung auch dazugehören können.

Bei den platzierungsbezogenen Zwischenwertungen gibt es verschiedene Umsetzungsvarianten:

Kickstart-Wertung: Diese kann beispielsweise unter dem Motto „Schnellstarter" durchgeführt werden. Entscheidend ist hier, welche Teilnehmer nach einem definierten Zeitraum – z. B. nach den ersten acht Wochen des Wettbewerbs – bei dem zu erreichenden Zwischenwertungskriterium an der Spitze liegen.

Überholmanöver: Bei dieser Zwischenwertung geht es um die „Aufsteiger" unter den Teilnehmern. Ausschlaggebend ist dabei, welche Teilnehmer sich innerhalb eines bestimmten Zeitraums des Wettbewerbs (z. B. des zweiten oder des letzten Quartals) um die meisten Ranglistenplätze verbessern. Diese Zwischenwertung eignet sich besonders gut zur Extra-Motivation des Mittelfelds und der Schlusslichter des Wettbewerbs.

Monatsbester: Diese Zwischenwertung bezieht sich jeweils auf das Ranking der umsatzstärksten Teilnehmer im laufenden Monat, bei denen dann beispielsweise die Top 3 einen Zwischengewinn erhalten. Grundlage für die Betrachtung ist immer der jeweilige Monat – damit ergibt sich automatisch jeden Monat für alle Teilnehmer wieder eine neue Gewinnchance.

Grundsätzlich kann die Zahl der Gewinner bei den platzierungsbezogenen Zwischenwertungen in Abhängigkeit von dem zur Verfügung stehenden Budget und der Größe des Teilnehmerfelds variiert werden: Es kann nur der Erste der Rangliste gewinnen oder die ersten drei Plätze zählen zu den Gewinnern, alternativ ist es aber auch denkbar, die ersten zehn Teilnehmer zu belohnen.

Verkaufsbezogene Zwischenwertungen

Die andere Zwischenwertungsvariante sind die verkaufsbezogenen Zwischenwertungen. Hier geht es um den bis dato konkret erzielten (Verkaufs-)Erfolg im Zusammenhang mit Produkten aus der Hauptwertung oder, noch besser, um den erreichten Absatz von neuen Produkten oder das Erfüllen bestimmter Kriterien – in der Regel gemessen in absoluten Zahlen. Durch geschickte Zwischenziele können damit sowohl die Hauptwertungskriterien als auch die Sonderkriterien des Wettbewerbs wirkungsvoll vorangebracht und die Teilnehmer zu einer entsprechenden Mehrleistung animiert werden.

Auch bei dieser Form der Zwischenwertung gibt es verschiedene Ansätze bei der Realisierung:

Zusatzleistungen: Die hier geforderten Extraleistungen können in Form von „produktbezogenen Zwischenwertungen" abgebildet werden. Die Zielsetzung kann beispielsweise sein: Wer verkauft im Zeitraum x die meisten der definierten Zubehörartikel? Auf diese Art und Weise lässt sich der Verkauf von zusätzlichen Produkten (Sonderzubehör, Ersatzteile etc.) sehr gut in den Gesamtwettbewerb einbinden. Aber auch softe Kriterien – wie beispielsweise eine besonders ausführliche und individuelle Kundenberatung – können auf diesem Weg berücksichtigt werden.

Drei aus vier: Diese Variante eignet sich sehr gut für Wettbewerbe mit einer längeren Laufzeit, also beispielsweise für Jahreswettbewerbe. Erfahrungsgemäß unterliegen die Verkäufe im Jahresverlauf saisonal bedingten Schwankungen – und diese lassen sich mit dieser Form der Zwischenwertung entsprechend kompensieren. „Drei aus vier" bedeutet, dass nur die drei besten Monate von insgesamt vier Wettbewerbsmonaten zählen. Eine ideale Lösung für das Sommerloch, bei dem dann der umsatzschwächste Monat nicht in die Wertung eingebracht zu werden braucht. In Abhängigkeit von der Wettbewerbslaufzeit kann die Variante auch auf „Zwei aus drei" verkürzt werden.

Early Bird: Bei dieser Zwischenwertung werden die besonders schnellen Teilnehmer belohnt, indem beispielsweise die ersten zehn Verkäufe eines bestimmten Produkts oder die ersten Vertragsabschlüsse mit der doppelten Punktzahl oder einem Sofortgewinn belohnt werden. Diese kurzfristige Stimulanz sorgt für einen extra „Kick" im Wettbewerbsverlauf.

Sofortgewinne

Eine Alternative zu den Zwischenwertungen sind die sogenannten Sofortgewinne. Wie der Begriff bereits suggeriert, werden sie ohne Zeitverzögerung unmittelbar an den jeweiligen Gewinner verteilt. Damit stellen sie die kurzfristigste Möglichkeit der Motivationssteigerung in einem Wettbewerb dar. Auf diese Art und Weise erhalten die Teilnehmer eine unmittelbare Anerkennung ihrer Leistung und merken, dass sich ihr Einsatz lohnt. Das damit verbundene Hochgefühl wirkt sich positiv auf den weiteren Wettbewerbsverlauf aus und trägt so letztlich auch nachhaltig zum Gesamterfolg des Wettbewerbs bei.

Wie bei den Zwischenwertungen gibt es auch bei den Sofortgewinnen verschiedene Umsetzungsoptionen:

Ring & Win: Bei dieser Variante haben die Teilnehmer die Möglichkeit, ihre getätigten Abschlüsse sofort unter einer eigens eingerichteten Hotline telefonisch oder online über die Wettbewerbs-Website zu melden. Ein Zufallsgenerator verteilt dann Sofortgewinne in verschiedenen Wertigkeiten, die den Teilnehmern umgehend zugestellt werden. Abhängig vom verfügbaren Budget und der Größe des Teilnehmerkreises kann der Incentive-Geber hier flexibel definieren, wie viele Sofortgewinne pro Tag oder pro Woche ausgegeben werden.

Casino: Diese Option funktioniert nach einem ähnlichen Prinzip wie der einarmige Bandit im Casino. In der Wettbewerbspraxis kann das wie folgt aussehen: Normalerweise erhält ein Teilnehmer für den Verkauf eines bestimmten Produkts 200 Punkte, die einem Wert von 20 Euro entsprechen. Bei der Casino-Wertung muss er seinen Verkauf manuell über eine eigens für den Wettbewerb eingerichtete Website melden. Jede Meldung führt dann automatisch zur Teilnahme an einem Spiel, bei dem die Teilnehmer ihren Verkaufserfolg „einsetzen". Die Rollen drehen sich und es gibt zwischen 200 und 4 000 Punkten zu gewinnen. Dank der Glücksmechanik haben hier auch die weniger erfolgreichen Verkäufer die Möglichkeit, die Punkte für ihre erzielten Verkäufe zu steigern – was wiederum ihre Motivation erhöht und sie länger aktiv im Wettbewerb hält.

Diese beiden Varianten können auch als Hauptwertung eingesetzt werden.

Status-Wertung

Ein weitere Motivations- bzw.- Belohnungslösung leitet sich aus dem gerade im Vertriebsbereich teilweise sehr ausgeprägt vorhandenen Statusdenken ab: Für den einzelnen Verkäufer ist es in der Regel sehr wichtig, welche Stellung er innerhalb des gesamten Verkaufsteams einnimmt – und dass es nach Möglichkeit für alle

Kollegen ersichtlich ist, wenn er einen hohen Rang bekleidet oder besonders erfolgreich ist. Entsprechend geht es bei der Status-Wertung darum, dem Teilnehmer für eine durchgängig erbrachte Top-Leistung bestimmte Privilegien einzuräumen – sei es in Form von zusätzlichem Einkommen, Extra-Prestige oder von besonderen Vorteilen.

Zielsetzung der Status-Wertung ist es, den Teilnehmer nicht nur kurzfristig, sondern langfristig zu einer Mehrleistung zu aktivieren und so nachhaltige Effekte für die Umsatz- und Ertragssituation des Unternehmens zu erzielen. In der Praxis kann das so aussehen, dass ein Teilnehmer über einen bestimmten Zeitraum – wie etwa innerhalb eines definierten Quartals – eine kontinuierliche Top-Leistung erbringen muss, indem er zum Beispiel jedes Monatsziel des Quartals erreicht oder sogar übertrifft. Hat er diese überdurchschnittliche Performance erbracht, erhält er eine entsprechende Belohnung, die ihn als „Top-Performer" auszeichnet und damit seinen besonderen Status betont.

Entscheidend bei der Status-Wertung ist es, die Belohnung so auszuwählen, dass sie in der Zielgruppe der Teilnehmer hohe Wertschätzung genießt und jeder daher in den Genuss dieser Privilegien kommen möchte.

Die Möglichkeiten sind dabei vielfältig – nachfolgend einige der gängigsten und erfolgreichsten Beispiele aus der Praxis:

▶ 20 Prozent mehr Punkte für jeden Verkauf im nächsten Quartal.
▶ Erhalt eines Treuepasses mit speziellen Vorteilsangeboten für das nächste Quartal.
▶ Dienstwagen-Upgrade für einen Monat.
▶ Einmonatige Parkberechtigung auf dem besten Firmenparkplatz im Hof oder in der Tiefgarage.
▶ Zeitlich limitiertes Angebot von ausgewählten Prämien aus dem Prämienkatalog zu rabattierten Punkten.

5.4   Abwägen von Bewertungssystematiken

Die Bandbreite der möglichen Bewertungssysteme für Haupt- und Zwischenwertungen macht die Vielzahl der zur Verfügung stehenden Optionen deutlich. Neben den individuellen Präferenzen des Incentive-Gebers hängt die Auswahl der Gewinnsystematik auch von der Art und Weise des Wettbewerbs ab – hier lassen sich zwei wesentliche Cluster bilden:

- Bonusprogramm/Wettbewerb,
- Team- oder Einzelwettbewerb.

Jeder dieser Cluster erfordert aufgrund der dahinterstehenden Systematik auch seine eigene Belohnungsmechanik.

Bonusprogramme vs. Wettbewerbe

Bonusprogramme zielen motivatorisch auf die Mechanismen Sammelleidenschaft, Treue und (Kunden-)Bindung ab. Hier werden meist schon bestehende Umsätze belohnt und gesichert. Entsprechend haben Bonusprogramme oft Laufzeiten von mehreren Jahren.

Der klassische Wettbewerb ist sehr viel stärker leistungsbezogen ausgerichtet, daher werden hier vor allem Eitelkeit, Leistung, Ehrgeiz und Anerkennung angesprochen. Bei diesen zeitnahen und taktischen Verkaufsförderungsmaßnahmen steht neben der gemessenen (Mehr-)Leistung der Teilnehmer vor allem die attraktive Prämie samt den Siegern im Vordergrund.

Vor- und Nachteile von Teamwettbewerben

Die Systematik des Teamwettbewerbs wurde in den vorangegangenen Kapiteln bereits das ein oder andere Mal angerissen. Überall dort, wo Menschen miteinander arbeiten, miteinander Kontakt haben und ein gemeinsames Ziel verfolgen, machen Teamwettbewerbe viel Sinn!

Der Vorteil des Teamwettbewerbs liegt vor allem darin, dass sich die Teilnehmer gegenseitig motivieren, weil sie nur gewinnen können, wenn alle zu einer Mehrleistung beitragen. Damit entsteht ein Gruppendruck, der zu einem wichtigen Treiber bei der Zielerreichung wird. Dieser Effekt tritt allerdings nur dann ein, wenn sich auch alle Mitwirkenden tatsächlich als Teil eines Teams begreifen und entsprechend zusammenarbeiten. In willkürlich und nur für den Wettbewerb zusammengestellten Mannschaften funktionieren diese sozialpsychologischen Mechanismen nicht – im Gegenteil, der Zwang zur Kooperation weckt im schlimmsten Fall Aggressionen und wirkt demotivierend. Wenn die Teilnehmer also eher daran gewöhnt sind, ihren Job als Einzelkämpfer zu erledigen, sollte man diese Arbeitsweise auch im Rahmen des Wettbewerbs abbilden und sich lieber für einen Einzelwettbewerb entscheiden.

5.5 Was ist bei internationalen Wettbewerben zu beachten?

Im Zuge der zunehmenden Globalisierung agieren immer mehr Vertriebsorganisationen nicht mehr rein national, sondern sind international über die verschiedenen Länderdependancen eines Unternehmens miteinander verbunden. Entsprechend führen auch immer mehr Konzerne länderübergreifende Verkaufswettbewerbe durch – damit diese sowohl im jeweiligen Land als auch in der Summe zum Erfolg werden, gilt es allerdings, einige wichtige Punkte zu beachten.

Vorsicht beim Vergleich

Insbesondere das Thema „Vergleichbarkeit der Teilnehmer-Leistungen" spielt bei internationalen Wettbewerben eine noch wichtigere Rolle als bei nationalen Wettbewerben, da die Teilnehmerzusammensetzungen hier in der Regel durch die Internationalität sehr heterogen sind. Entsprechend sind die dabei zu berücksichtigenden Kriterien deutlich komplexer als bei nationalen Wettbewerben, da es nicht nur regionale Unterschiede zu berücksichtigen gilt, sondern auch die verschiedenen Mentalitäten, die kulturellen Besonderheiten und die nationalen Gebräuche in Hinblick auf die Zieldefinition in die Wettbewerbssystematik einfließen müssen.

Bei der Gegenüberstellung von verschiedenen nationalen Vertriebserfolgen in einem internationalen Verkaufswettbewerb ist daher insbesondere auf die Vergleichbarkeit der Zielerreichungsgrade der einzelnen Teilnehmer aus den verschiedenen Ländern zu achten. Erfahrungsgemäß variiert die „Härte" der Zielvorgaben für Vertriebler von Land zu Land erheblich. Kommen dann noch die Ergebnisse unterschiedlicher Kontinente – beispielsweise Europa, Asien und Nordamerika - zusammen, können die Diskrepanzen noch größer sein. So werden die Vertriebsziele in manchen Ländern eher lax gesteckt, deren Übertreffen wird trotzdem großartig gefeiert und die Sieger werden als Vertriebshelden inszeniert. In anderen Ländern erfolgt die Zielsetzung hingegen nach preußisch-strenger Manier und die Teilnehmer können sie nur mit deutlich überdurchschnittlichem Einsatz erreichen. Deshalb sind Zielerreichungen in internationalen Wettbewerben ganz unterschiedlichen Motivations- und Bewertungsmechanismen unterworfen. Ein Vergleich von Teilnehmern aus zwei Ländern mit so unterschiedlichen Voraussetzungen hätte im Rahmen eines internationalen Rankings eine signifikante Ungleichbehandlung zur Folge – egal ob man die absoluten oder relativen (Umsatz-)Größen für die Betrachtung heranzieht.

Vertriebserfolge verschiedener Länder oder Kontinente lassen sich nur auf einer fairen Basis miteinander vergleichen, wenn man eine Harmonisierung der Ziele bzw. Ergebnisse vornimmt, um damit eine länderübergreifende Chancengleichheit zu gewährleisten. Die Lösung liegt daher in der Etablierung eines „Bewertungssystems mit Standardabweichung".

Mithilfe der Standardabweichung werden die Ergebnisse verschiedener Länder miteinander vergleichbarer gemacht. Dies erfolgt in zwei Schritten:

1. Im ersten Schritt wird aus den individuellen Zielerreichungen aller Teilnehmer eines Landes der durchschnittliche Zielerreichungsgrad aller ermittelt.

2. Dann wird die Standardabweichung ermittelt. Beispiel: Der Teilnehmer hat eine Zielerreichung von 105 Prozent, der Landesschnitt aller Teilnehmer des Landes liegt bei 103 Prozent, was einer Standardabweichung von 3 Prozent entspricht.

Die entsprechende Formel würde wie folgt aussehen:

Abbildung 5.9   Formel für ein Bewertungssystem mit
Standardabweichung

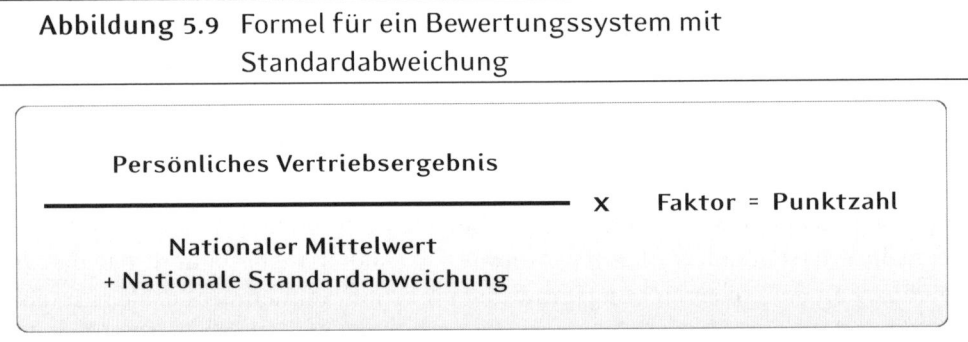

Aus der Punktzahl lässt sich dann eine internationale Rangliste auf vergleichbarer Basis erstellen und es kann ein länderübergreifender Wettbewerbsgewinner ermittelt werden. Dies ist gerade in international agierenden Unternehmen sehr hilfreich, um ein grenzüberschreitendes Denken und internationales Teamgefühl zu erzeugen – deswegen kann natürlich trotzdem auch in allen teilnehmenden Ländern noch ein nationaler Gewinner gekürt werden.

Beispiel für internationalen Wettbewerb

Branche des Kunden:	**Eingesetzte Maßnahme:**
Telekommunikation	Europaweiter Verkaufswettbewerb
Zielgruppe/Teilnehmeranzahl:	**Laufzeit:**
7 000 Mobilfunkverkäufer in sechs europäischen Ländern	zwölf Monate – on going
Zielsetzung(en) der Maßnahme:	**Bewertungssystem:**
Steigern der Vertragsabschlüsse im Vergleich zum Vorjahreszeitraum	Zielerreichungssystem. Kombination aus offenem und geschlossenem Bewertungssystem.

Idee/Motto:

Der Wettbewerb wird jedes Jahr unter einer anderen Storyline an die Teilnehmer kommuniziert. Das Thema muss jeweils stark genug sein, um die Teilnehmer emotional zu involvieren: Die Variationen gehen von der **Agentenstory** über die **Piratenstory** bis hin zum **Hochleistungssport.**

Umsetzung:

Bei der Ausgestaltung des nachfolgend betrachteten Wettbewerbs mussten einige komplexe Rahmenparameter beachtet werden:

A: Das Bewertungssystem musste mehrere Länder zusammenführen.

B: Die Kommunikation musste das Zusammengehörigkeitsgefühl aller Teilnehmer fördern und gleichzeitig sehr aktivierend sein.

C: Das Incentive musste eigene Qualifikationsmodule beinhalten und gleichzeitig mit dem bestehenden CBT vernetzt sein.

Wertungskriterien:

Jeder Teilnehmer hatte individuelle Zielvorgaben:

▶ Abschlüsse/Verträge,

▶ Kundenzufriedenheit,

▶ Weiterbildung,

▶ Performance-Index.

Die Ergebnisse der einzelnen Wertungskriterien wurden zu einer prozentualen Zielerfüllung zusammengefasst. Daraus wurde eine nationale Rangliste erstellt. Über Einbeziehung der Standardabweichung pro Land wurde zudem eine europäische Rangliste erstellt.

Die Gewinner wurden in der Hauptwertung, in Quartalswertungen und in Zwischenwertungen (Aufsteiger, Lernspiele etc.) pro Channel, pro Land und aus gesamt Europa ermittelt.

Eingesetzte Prämien:

Die besten 400 Teilnehmer (die besten pro Land und die besten aus Europa) wurden mit Partner auf eine Schiffskreuzfahrt in die Ägäis eingeladen. Zudem erhielten alle Teilnehmer, die ihre persönlichen Ziele in den Quartals- und in der Hauptwertung erreicht hatten, Punkte, die auf der Aktionswebsite in Prämien eingetauscht werden konnten.

Eingesetzte Kommunikationsmaßnahmen:

Die Kampagne wurde komplett in sechs Sprachen umgesetzt. Aus datenschutzrechtlichen Gründen haben sich alle Teilnehmer mit Nicknames angemeldet (unter diesen tauchten sie dann später auch in den Ranglisten auf).

Monatliche Motivationsmailings mit Kontoständen und Ranglistenposition und auf die Story abgestimmte Teaser – hier als Beispiel die Agentenstory:

▶ Buchattrappe mit Wasserpistole,

▶ MMS mit Bilderrätsel,

▶ Geheimschriftmailing mit Farbbrille,

▶ Lochstreifen-Karte.

Auf der Website gab es die Features Fotoalbum, Agententagebuch/-Blog, MMS-Video-Galerie, Heldengeschichten (Erfolgsgeschichten der Teilnehmer).

Zum Kick-off gab es eine mehrsprachige Broschüre – hier wurden nicht verschiedene Landesbroschüren erstellt, sondern eine in allen Sprachen, um den One-Company-Gedanken zu stärken.

5.6 Der Unterschied zwischen Top-Club-Systemen und Verkaufswettbewerben

Zwischen diesen beiden Varianten besteht ein großer Unterschied! Bei Top-Club-Systemen handelt es sich zwar um Verkaufswettbewerbe mit einer definierten Gewinneranzahl, allerdings gilt hier in der Regel das Motto: „Wer sind die Besten im ganzen Land?" Dabei wird quasi eine in sich geschlossene Welt für die Elite geschaffen und die Vertreter dieser „Crème de la Crème" erhalten in der Folge auch besonders exklusive Belohnungen. Beispielsweise wird mit diesen Besten dann – meist noch unter Einbeziehung des Lebensabschnitts-Partners – eine außergewöhnliche Incentive-Reise gemacht. Das Kernziel von Top-Clubs ist in fast allen Fällen, die Besten ganz besonders zu belohnen und an das Unternehmen zu binden.

Dagegen ist grundsätzlich nichts einzuwenden, allerdings wird bei den Top-Club-Systemen nur sehr wenig oder gar kein Augenmerk auf das Mittelfeld und Zwischenwertungen gelegt – was diese Art Incentives sehr beleben und effizienter machen würde. Das größte Problem der Top-Clubs ist, das meistens mindestens 50 bis 70 Prozent des Gewinnerkreises gleich sind, sprich: Es kommen immer wieder dieselben Teilnehmer in den Genuss der Belohnung. Dies hat zwar auf der einen Seite durchaus seine Berechtigung, da es sich bei dieser Personengruppe um die Umsatzbringer des Unternehmens handelt, aber auf der anderen Seite fehlt hier der ganzheitliche Aspekt, der bei einem Verkaufswettbewerb alle Teilnehmer zu einer Mehrleistung motiviert.

Beispiel für einen exklusiven Verkäuferclub

Branche des Kunden:	Eingesetzte Maßnahme:
Automobilveredler (Tuning)	Exklusiver Club für Verkäufer
Zielgruppe/Teilnehmeranzahl:	**Laufzeit:**
ca. 5 000 Verkäufer bei 800 Autohäusern in Deutschland	zwölf Monate – on going
Zielsetzung(en) der Maßnahme:	**Bewertungssystem:**
Kundenansprache intensivieren und Umsatz steigern	Umsatzsystem für VIP-Club und „Anwärter-Club"

Idee/Motto:

Der Club sollte so exklusiv sein, dass er nur einen Namen der Superlative tragen konnte. Einen Namen, der auf Lateinisch „Ruhm" und „Ehre" bedeutet: **Gloria by ...**

Umsetzung:

Die Existenz des Clubs wurde eher leise bekannt gemacht – er sollte sich langsam unter den Verkäufern herumsprechen. Die Bekanntmachung erfolgte im ersten Schritt nur bei den Top-Verkäufern, die auch gleich Mitglied wurden. Über Word-of-Mouth-Marketing hat sich dieser dann über ein bis zwei Jahre in der Verkäuferschaft herumgesprochen: „Kennst du schon Gloria?"

Die besten Verkäufer wiederum wurden so „lautstark" belohnt, dass es jeder mitbekommen musste. In der Folge wollten dann alle anderen Verkäufer ebenfalls herausfinden, worum es geht, um auch dabei zu sein: „Das will ich auch!" So wurde der „Must-have-Effekt" gezielt geschürt.

Wertungskriterien:

Die Wertung war schlicht und einfach: Wer über 500 000 Euro Umsatz pro Jahr akquirierte, wurde Mitglied von Gloria. Alle, die 250 000 Euro Umsatz im Jahr schafften, wurden in die Kommunikation als Club-Anwärter miteinbezogen.

Eingesetzte Prämien:

Die Prämien/Vorteile unterstrichen den VIP-Status: So ist man als Mitglied überall Ehrengast, erhält persönliche Einladungen ins Werk oder zum Chef sowie zu besonderen Anlässen (z. B. Rekordversuche, Fotoshootings ...). Ferner gab es VIP-Einladungen zu Messen, Schulungen sowie die Mitgliedschaft in privaten Clubs (z. B. Havanna Lounge).

In jedem Quartal gab es neue ausgewählte Prämien: Insignien, Sachprämien, Erlebnisse. Jedes Mitglied konnte ein definiertes Kontingent in Anspruch nehmen (drei Prämien pro Quartal).

Eingesetzte Kommunikationsmaßnahmen:

Das Club-Leben zeichnete sich vor allem durch die sehr persönliche und individuelle Betreuung aus:

▶ Aktiv telefonisch über die Club-Hotline und vor Ort über den Außendienst.

▶ Die Ernennung neuer Mitglieder erfolgte persönlich über die Club-Hotline.

▶ Alle Club-Anwärter wurden hin und wieder angerufen.

▶ Club-Mitglieder wurden häufig angerufen.

▶ Die Club-Mitglieder konnten anrufen und den Concierge-Service nutzen.

Das Club-Portal stand theoretisch allen Verkäufern offen (begrenzter Schnupperzugang). Club-Mitglieder und Anwärter konnten ihre Club-Aktivitäten dort steuern (z. B. Prämien auswählen). Zusätzliche Inhalte für den Außendienst: Umsätze und Rankings der Verkäufer pro Außendienst.

Ein Club-Magazin wurde quartalsweise an alle Mitglieder und Anwärter geschickt.

Inhalte des Club-Magazins: News, Erfolge, Vorstellung Club-Inhalte & Prämien, Success-Storys, anstehende Club-Events (VIP-Leistungen), aktuelle Infos zu Produkt und Marke. Ein E-Mail-Newsletter verbreitete die Club-News aktuell und direkt.

5.7 Laufzeit und Anlage des Verkaufswettbewerbs

Die Laufzeit eines Wettbewerbs hängt entscheidend von seinen Zielsetzungen und der gewählten Wettbewerbssystematik ab. Erfahrungsgemäß brauchen die meisten Zielgruppen rund sechs bis acht Wochen – inklusive mindestens zwei Kommunikationsimpulsen –, um den Wettbewerb wahrzunehmen und um zu verstehen, worum es dabei geht. Aus diesem Grunde sollte ein Wettbewerb im Idealfall mindestens vier bis sechs Monate „kurz" sein.

Aktuelle Marktumfragen bestätigen, dass die Mehrheit der Unternehmen ihre Verkaufswettbewerbe längerfristig anlegt. Dieses Vorgehen erweist sich nicht nur wegen der besseren Wahrnehmung in der Zielgruppe als besonders sinnvoll für die Praxis, sondern auch vor dem Hintergrund der Zielerreichung. Für die typischen Zielsetzungen von Verkaufswettbewerben sind Laufzeiten von nur wenigen

Wochen einfach zu kurz, denn schließlich sollen sich die Ziele innerhalb der gesetzten Laufzeit auch realistisch von den Teilnehmern erreichen lassen. Werden zudem noch Qualifizierungsmaßnahmen in den Wettbewerb eingebunden, ist eine Laufzeit von mehreren Monaten unerlässlich.

Abbildung 5.10 Laufzeit eines Verkaufswettbewerbs

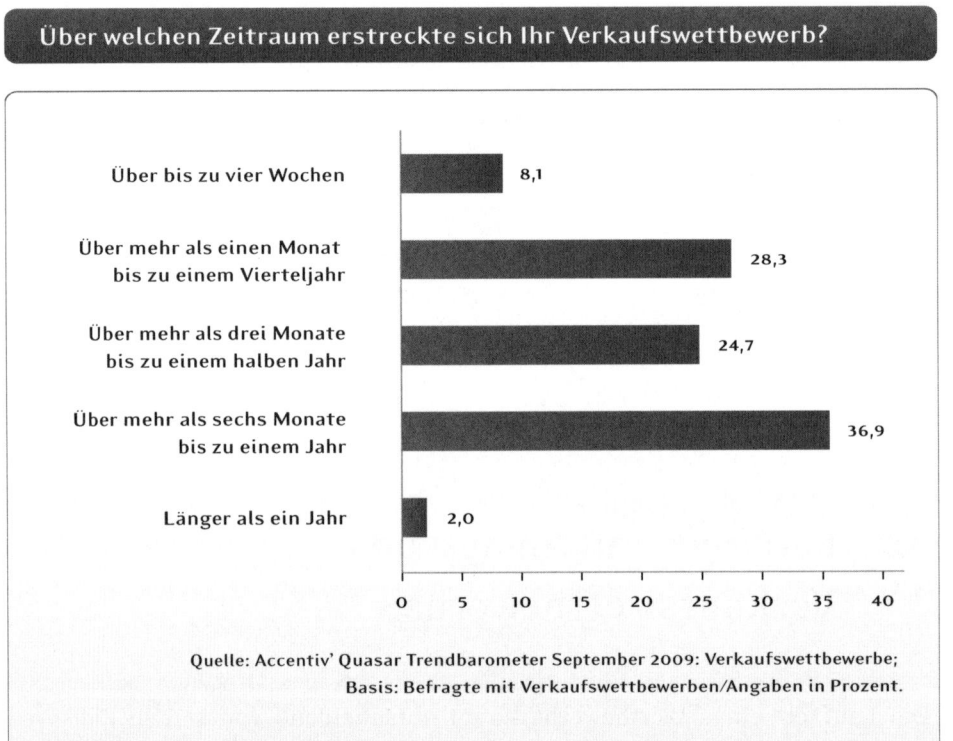

Über welchen Zeitraum erstreckte sich Ihr Verkaufswettbewerb?

Über bis zu vier Wochen	8,1
Über mehr als einen Monat bis zu einem Vierteljahr	28,3
Über mehr als drei Monate bis zu einem halben Jahr	24,7
Über mehr als sechs Monate bis zu einem Jahr	36,9
Länger als ein Jahr	2,0

Quelle: Accentiv' Quasar Trendbarometer September 2009: Verkaufswettbewerbe;
Basis: Befragte mit Verkaufswettbewerben/Angaben in Prozent.

Umgekehrt stellt eine Laufzeit von zwölf Monaten erfahrungsgemäß die absolute Obergrenze dar, da sich der Spannungsbogen bis zur Bekanntgabe der Hauptgewinner nicht unendlich dehnen lässt. Mit einer ausgeklügelten Kommunikation können Wettbewerbe durchaus über einen langen Zeitraum attraktiv gemacht werden; spätestens nach einem Jahr sind dann allerdings sowohl die Aufmerksamkeit als auch die Motivation erschöpft und die langersehnte Belohnung muss erfolgen!

Kapitel 6 – Welche Kommunikationsmassnahmen sind notwendig?

Was passiert gerade, wie liege ich im Rennen, wer hat zurzeit die Nase vorn, bekommen meine Chefs mit, wie gut ich performe? Dieses sind nur einige der zentralen Fragen, die die Teilnehmer eines Incentive-Wettbewerbs beschäftigen. Eine zielgruppengerechte Aktionsstory und passende Kommunikationsmaßnahmen sind entscheidend für eine hohe Teilnahmequote und den langfristigen Erfolg einer solchen Maßnahme.

6.1 Die richtige Ansprache: Kommunikation muss zur Zielgruppe und zum Wettbewerb passen

Grundsätzlich gilt: Ein Anreizsystem funktioniert nur, wenn es in den „relevant set" der Zielgruppe gelangt. Nur so werden die Teilnehmer auch tatsächlich im Sinne des Incentive-Gebers handeln – andernfalls verpuffen die Maßnahmen. Getreu dem Motto „Tue Gutes und rede darüber" muss ein Wettbewerb offensiv an die Zielgruppe kommuniziert werden. Dafür gibt es kein Patentrezept, sondern die Kommunikationsmaßnahmen sind abhängig von der Zielgruppe, der Art des Incentives und dem Budget.

Die Grundvoraussetzung für den Aufbau einer maßgeschneiderten Kommunikation ist eine genaue Zielgruppenanalyse: So sollten Merkmale wie Geschlechter- und Altersstrukturen, die Position der Teilnehmer im Unternehmen oder ihre Einstellung zu neuen Medien untersucht werden, um diese später entsprechend bei der Kommunikation berücksichtigen zu können. Neben der Zielgruppe hängt die Kommunikationsstrategie zudem von der Form des Incentives ab: Ein Wettbewerb muss anders kommuniziert werden als ein Bonusprogramm, ein Teamwettbewerb anders als ein Einzelwettbewerb.

Und zu guter Letzt wirkt sich auch das Budget auf die Kommunikation aus. Um das vorhandene Budget möglichst effizient einzusetzen, kann beispielsweise statt des Aufbaus neuer Kommunikationskanäle auf bestehende Kommunikationsmittel innerhalb des Unternehmens zurückgegriffen werden. Umgekehrt kann eine hochwertige und eigens für das Incentive implementierte Kommunikation – beispielsweise eine Website – auch für die allgemeine Unternehmenskommunikation genutzt werden. Auf diese Art lassen sich Synergien schaffen und Kosten sparen. Fakt ist: Auch mit wenig Budget lässt sich eine aufmerksamkeitsstarke Kommunikation realisieren, wenn der Mix der Kommunikationsmittel und -kanäle auf die Bedürfnisse der Zielgruppe und des Wettbewerbs zugeschnitten ist.

6.2 Kontinuierliche Aufmerksamkeit durch gezielte Impulse

Ein Wettbewerb lebt vor allem von dem Engagement seiner Teilnehmer. Damit dieses so hoch wie möglich ist, gilt es, die Aufmerksamkeit immer wieder auf den Wettbewerb zu lenken. Regelmäßige Impulse in Form von Mailings, SMS, E-Mails, persönlicher Ansprache (z. B. durch den Außendienst) oder auf Meetings sorgen für ein kontinuierliches Interesse der Teilnehmer. Originelle, an den laufenden Wettbewerb erinnernde Gimmicks oder Spiele dienen ebenfalls dazu, den Spannungsbogen zu erhalten. Ohne solche Teaser und Reminder verliert ein Wettbewerb an Relevanz und die Teilnehmer verlieren das Interesse daran. Deshalb sollte mindestens einmal im Monat etwas „passieren", das den Wettbewerb bei allen Protagonisten zum Thema macht, wobei zu Beginn und Ende der Aktion eine höhere Kommunikationsfrequenz empfehlenswert ist.

Kommunikationsanlässe gibt es genug:

▶ Bekanntgabe von Zwischenständen (persönliche Kontoauszüge, Ranglisten),
▶ Ankündigung von Zwischenwertungen und Bekanntgabe der Gewinner, eventuell mit Urkunde oder Anstecknadel („Verkäufer des Monats"),
▶ Prämienbeschreibungen in Wort und Bild (Hotelprospekte, Postkarten von der ausgelobten Destination, Bildbände, Videos etc.),
▶ Puzzles/Starschnitte zum Sammeln,

- ▶ Gimmicks mit Bezug zum Gewinn (Sand vom Strand, Zutaten für ein landestypisches Rezept, Musik-CD etc.),
- ▶ welche Prämien sind mit dem aktuellen Punktestand schon zu haben?

Die Wettbewerbskommunikation muss sich nicht auf die klassischen Wettbewerbsmedien beschränken. Ein Incentive-Geber sollte jede Möglichkeit nutzen, um den laufenden Wettbewerb ins Gespräch zu bringen; dies kann ein Bericht in der Mitarbeiterzeitung sein, ein Mini-Referat auf einer Tagung, ein Wort zur aktuellen Rangliste zu Beginn eines Meetings oder die Bekanntgabe der neuesten Wettbewerbsnews im Intranet. Auch die Einbeziehung des privaten Umfelds der Teilnehmer kann für wertvolle zusätzliche Impulse sorgen. Indem auch der Lebenspartner angesprochen wird – beispielsweise indem er/sie einen Glückwunsch zum Geburtstag erhält, ihm/ihr Lob für die Unterstützung des Wettkämpfers zuteilwird oder er/sie gar eine Einladung zur Teilnahme an der Gewinnerreise bekommt –, macht man ihn/sie zum persönlichen Motivator des Teilnehmers!

6.3 Entwicklung der richtigen Story und Aktionsdramaturgie

Wie ein gutes Theaterstück benötigt auch ein effektiver Verkaufswettbewerb eine Dramaturgie, die Spannung erzeugt und das Publikum – in diesem Falle die Teilnehmer – begeistert. Ziel ist es, dass der Wettbewerb nicht nur den Verstand der Teilnehmer anspricht, sondern vor allem das Herz: Er soll überraschen und positive Gefühle wecken. Natürlich sollen die Teilnehmer durch den Wettbewerb zu mehr Leistung angespornt werden, aber gleichzeitig soll die Aktion sie auch aus ihrem Alltagstrott reißen und über Wochen und Monate positive Aufmerksamkeit auf sich lenken. Der Schlüssel zu dieser gewünschten Wirkung liegt in der Kommunikation – indem der Wettbewerb zum Gesprächsthema Nummer eins gemacht wird, ist auch für die notwendige (An-)Teilnahme gesorgt.

Dabei muss die Präsentation des Wettbewerbs seine Sonderstellung widerspiegeln. Um eine wirkungsvolle Kommunikation aufbauen zu können, braucht der Wettbewerb einen eigenständigen Auftritt, der ihn mit einer passenden Geschichte versieht und für die gewünschte Aktionsdramaturgie sorgt. Mithilfe dieser „Aktionsstory" erhält der Wettbewerb ein Gesicht und wird emotional aufgeladen. Dies hat zur Folge, dass der Teilnehmer gespannt auf die nächste Wettbewerbspost wartet und mit Herzblut dabei ist. Entsprechend freut er sich auch darüber, regelmäßig etwas Neues von „seinem" Wettbewerb zu erfahren – vor allem, weil die Aktionsstory als verbindendes Element für den nötigen Spannungsbogen sorgt. Alle Inhalte – von der generellen Bekanntgabe des Wettbewerbs und des Mottos über die Vorstellung des Bewertungssystems bis hin zur Siegerehrung – lassen sich mithilfe der Aktionsstory als spannende Fortsetzungsgeschichte inszenieren. Auf diese Art und Weise erhält man die volle Aufmerksamkeit der Teilnehmer und kann sie zu entsprechendem Wettbewerbsengagement und damit zur gewünschten Mehrleistung motivieren. Wichtig dabei ist, dass die Aktionsstory zum Wettbewerb und zum Unternehmen passt und in der Folge vom Teilnehmer als „stimmig" und nicht als künstlich aufgesetzt empfunden wird.

Der rote Faden

Die möglichen Themen für eine Aktionsstory sind vielfältig – sehr beliebt sind Sujets aus dem Sportumfeld wie beispielsweise Fußball-Meisterschaft, Segeln à la Admiral's Cup, Wertungs-Triathlon, Mannschafts-Olympiade, Mount-Everest-Besteigung, Formel-1-Rennen usw. Aber auch andere Motive lassen sich zum Gegenstand des Wettbewerbs machen; die Teilnehmer können beispielsweise auch zu Goldsuchern, Pokerfaces oder Abenteurern ernannt werden. Grundsätzlich ist alles erlaubt, was Spaß macht und hilft, den Wettbewerb vom Tagesgeschäft abzuheben.

Um die Aktionsstory greifbar zu machen, ist die Einführung eines entsprechenden Mottos unerlässlich – es fungiert als roter Faden und wird in allen Kommunikationsmaßnahmen und Aktionsmitteln aufgegriffen. Ab dem Moment, wo die Entscheidung für ein Motto gefallen ist, muss es allerdings auch konsequent vom Anfang bis zum Ende des Wettbewerbs durchdekliniert werden. Die Aktionsstory und ihr Motto wirken sich auch auf das Aktionsdesign aus – denn zu einer professionellen Wettbewerbskommunikation gehört auch eine passende Gestaltung aller Aktions- und Kommunikationsmittel. Dies beinhaltet die Entwicklung eines Aktionslogos, aber vor allem die Kreation entsprechend gebrandeter Materialien: Broschüre, Briefpapier, Umschläge, HTML-E-Mails, Website, Aufkleber, Ranglisten, Kontoauszüge, Charts fürs Meeting, Poster fürs Büro, T-Shirts fürs Team – alles muss im Aktionslook daherkommen und so eine aufmerksamkeitsstarke Teilnehmeransprache mit hohem visuellem Wiedererkennungswert sicherstellen!

Selbstverständlich muss auch die Tonalität der Kommunikation der Aktionsstory entsprechen, das heißt, das gewählte Wording muss zum Thema passen. Bei dem Motto „Ran an den Speck" sind Teilnehmer-Mailings im elitären Vorstandston vollkommen unpassend. Peppige Themen brauchen auch einen knackigen Kommunikationsstil. Aus diesem Grunde ist es sehr wichtig, dass die gewählte Aktionsverpackung und das Motto von allen für den Wettbewerb Verantwortlichen mitgetragen werden. Denn es wirkt sich sehr nachteilig auf die Wettbewerbskommunikation aus, wenn einzelne Entscheider die Leitidee plötzlich für zu gewagt halten und beim gewählten Tonfall zurückrudern wollen. Dann klafft zwischen Motto und Tonalität eine Lücke, die den ganzen Auftritt unglaubwürdig und die Kommunikationswirkung zunichtemacht.

Beispiel für den roten Faden in einem Verkaufswettbewerb

Branche des Kunden:	**Eingesetzte Maßnahme:**
Leasinggesellschaft (herstellergebunden)	Verkaufswettbewerb
Zielgruppe/Teilnehmeranzahl:	**Laufzeit:**
1 500 Verkäufer in 800 Autohäusern in Deutschland	zwölf Monate – on going
Zielsetzung(en) der Maßnahme:	**Bewertungssystem:**
Steigern der Rate of Penetration für Finanzierungen, Leasing und Restschuldversicherung	Punktesammelsystem

Idee/Motto:

Die Story: Top Secret Agent 007 lässt grüßen. Der gute alte James Bond und seine Geheimdienstkollegen mussten für die actiongeladene Wettbewerbsstory herhalten. Für sämtliche Aktionsmittel – Broschüre, Briefpapier, Website, Urkunden etc. – wurde ein durchgängiges Aktionsdesign entwickelt. Look & Feel, Tonalität – alles wurde konsequent und humorvoll im Geheimdienstjargon umgesetzt (natürlich unter Berücksichtigung des Kunden-Corporate Designs).

Passend zur Aktionsstory wurde die Kommunikationstonalität entwickelt, das heißt, der Wettbewerb war die Geheime Mission, das Reglement der Agenten-Codex, die Verkäufer waren Agenten, Sonderwertungen waren Geheimaufträge, die Aktionszentrale war die Geheimdienstzentrale samt „Q" und der Chef war natürlich „M". Punkte wurden als Money-Pennys bezeichnet, Motivationsmailings/E-Mails waren Agenten-Infos von „Mi 6" bzw. „M" und die Ranglisten/Kontoauszüge waren der Agentenstatus.

Umsetzung:

Das Ziel – der Geheimauftrag: Es ging um die aktive Kundenansprache und die offensive Vermarktung der Finanzdienstleistungen. Jedes Geschäft sollte in ein direktes Erfolgserlebnis umgewandelt werden! Neben dem Verkaufen gab es den zusätzlichen Geheimauftrag „Qualifikation".

Getreu dem Ansatz: „Nicht nur mit tollen Prämien zum mehr Verkaufen locken, sondern beim Verkaufen helfen", wurden in regelmäßigen Abständen kleine Lernmodule (Mini-Fernlehrgänge) an die Verkäufer geschickt. Diese galt es durchzuarbeiten, einen Multiple-Choice-Fragebogen auszufüllen und mit dem richtigen Lösungswort an die Geheimdienstzentrale zu übermitteln. Zur Belohnung spendierte „M" entweder extra Punkte (Money-Pennys) oder attraktive Bonditen-Prämien. Themen dieser Qualifikation waren unter anderem aktives Verkaufen, Gesprächsaufhänger sowie das Vertiefen von Nutzenargumenten neuer Produkte und Dienstleistungen.

Wertungskriterien:

Nicht nur die Besten der Besten – die ohnehin schon viel verkaufen – sollten am Ende eine tolle Hauptprämie gewinnen, sondern jeder Einzelne sollte entsprechend seiner Verkaufserfolge belohnt werden. Sprich, für jeden Vertrag gab es Punkte und je mehr Punkte der Verkäufer sammelte, umso besser.

Zudem wurden die „Bonditen des Monats" ermittelt – Ehre, wem Ehre gebührt. Jeden Monat wurden pro Vertriebsregion die besten Verkäufer mit einer hochwertigen Urkunde zu Bonditen des Monats gekürt – natürlich im Namen Ihrer Majestät. Wer zudem dreimal oder mehr aufs monatliche Heldenpodest geklettert war, erhielt den Ehren-Pin in Bronze, Silber, Gold! Ergänzend gab es im Internet die ruhmvolle Bonditen-Galerie.

Eingesetzte Prämien:

Sach- und Erlebnisprämien – bondige Prämien für Super-Spys.

Die ersammelten Money-Pennys konnten dann jederzeit und ganz nach Belieben in Sach- und Erlebnisprämien eingetauscht werden. Hierzu wurde ein Online-Prämienkatalog, „der Goldfinger-Shop", mit knapp 600 verschiedenen Prämien in die speziell entwickelte Aktionswebsite integriert.

Eingesetzte Kommunikationsmaßnahmen:

Die Kommunikation – Agenten-News. Wie bei jedem Wettbewerb gehörte die Kommunikation auch bei der Geheimen Mission zum A und O! Jeden Monat gab es ein ausgefallenes Motivationsmailing und je nach Alarmstufe zusätzlich eine blitzschnelle E-Mail aus der Zentrale an die Agenten. Jeweils nur mit sehr kurzen, knappen und aufmerksamkeitsstarken Infos. Details waren online nachzulesen. Es gab verschiedene Formate der Aktionsbriefbogen, die dann im Formularstil der „Behörde" personalisiert wurden.

Die Mailings wurden mit Teasern wie Mouse-Pad, Energy Drinks, Quicksnap etc. angereichert und jeweils im Aktionsdesign gebrandet.

Monatliche Datenauswertungen und Punktegutschriften: Täglich aktueller Kontostand über die Online-Plattform im persönlichen Logbuch mit allen Punktegutschriften und Bestellabgängen. Zudem gab es einen detaillierten Kontoauszug mit genauer Auflistung der gewerteten Verträge und Punktesummen.

Online-Prämien- & -Kommunikationsplattform mit Kontoständen/Statistiken, News-Box, Ehrengalerie, Rennlisten/Auszeichnungen.

Beispiel für roten Faden in einem simulierten Verkaufswettbewerb

Branche des Kunden:	Eingesetzte Maßnahme:
Incentive-Agentur (Quasar)	Simulation eines Verkaufswettbewerbs mit anschließender Gedankenreise
Zielgruppe/Teilnehmeranzahl:	**Laufzeit:**
600 potenzielle Kunden	acht Monate
Zielsetzung(en) der Maßnahme:	**Bewertungssystem:**
Vermitteln der Wettbewerbskompetenz. Kunden als Teilnehmer begeistern. New-Business-Leads generieren.	Punktesammelsystem für Aktivitäten

Idee/Motto:

Es wurde eine Story gesucht, die sich stark emotional aufladen und fantasievoll umsetzen lässt. Mit **„Quasar tanzt mit dem Drachen"** wurde eine einzigartige Kommunikationsidee entwickelt, die sich über verschiedenste Kanäle aufmerksamkeitsstark kommunizieren ließ.

Umsetzung:

Unter dem Motto „Quasar tanzt mit dem Drachen" sollten die Teilnehmer durch „learning by doing" mehr über den Einsatz von Incentives erfahren. Das Eintauchen in die Welt der Verkaufswettbewerbe und Incentive-Reisen wurde durch die Teilnahme an einem Muster-wettbewerb auf einer eigens eingerichteten Online-Plattform mit diversen Informationsmo-dulen ermöglicht.

Ein durchgängiges Design aller eingesetzten Kommunikationsmittel – von der Website bis zu den postalischen und elektronischen Mailings – sowie thematische Teasergifts sorgten für eine hohe Aufmerksamkeit und hohe Teilnahmequoten. So loggten sich mehr als zwei Drittel der Teilnehmer regelmäßig auf der Website zum „Tanz mit dem Drachen" ein.

Wertungskriterien:

Die aktive Beteiligung wurde mit Punkten belohnt.

Eingesetzte Prämien:

Neben virtuellen Sachprämien, die die Teilnehmer für ihre Aktivitätspunkte bestellen konn-ten – es wurde ein Foto der Prämie mit Drachen-Lieferschein verschickt –, gab es „echte" Abschluss-Events: Hier verließen die Teilnehmer die Ebene der Simulation und kehrten bei der real stattfindenden Award-Zeremonie an außergewöhnlichen Orten (Dojo in Köln/Yoga-Institut in Frankfurt) in die Realität zurück. Highlight der Abendveranstaltungen war neben dem Acht-Gänge-Tasting-Menü die Übergabe der goldenen Bambus-Awards mit handgefer-tigter Kalligrafie-Urkunde.

Eingesetzte Kommunikationsmaßnahmen:

Den Auftakt bildete ein einführendes Info-Booklet, in dem die Simulation angeteasert wur-de. Ferner gab es Briefpapier und Adressaufkleber im Aktionsdesign, mit dem die Teilneh-mer ca. alle vier Wochen Post mit außergewöhnlichen Inhalten erhielten:

▶ „Broschüren" in Rollenform: Statt eines Mehrseiters erhielten die Teilnehmer ihre Infor-mationen zu Wettbewerb und Reise im Format eines chinesischen Kalenders.

▶ Monatlich bunte chinesische Gimmicks: Winkekatze, Glückskeks, Glücksknoten, Flaschen-kleid, Knallbonbon, Stadtplan, Essstäbchen, Glücksumschläge.

▶ Aktions-gebrandete Travel-Documents (inkl. Kofferanhänger).

Kernstück der Kommunikation war eine Online-Plattform im Aktionsdesign inklusive Drachentipps, Reiseinfos, Wissensteilen rund um Wettbewerbe und Reisen, Audio-Sprach-trainer „Überlebens-Mandarin" und Shanghai-Film. Zudem gab es einen Online-HTML-Newsletter im Aktionsdesign.

Beispiele für erfolgreiche Mottos

Das Motto eines Wettbewerbs prägt als Leitspruch nicht nur dessen Ausrichtung, sondern vor allem auch die begleitende Kommunikation. Eine konsequente Einbindung des Mottos in alle Kommunikations- und Aktionsmittel ist daher unerlässlich.

⚠ PRAXISTIPP:

Als Inspirationsgrundlage sind nachfolgend einmal verschiedene Themenbereiche samt möglichen Mottos aufgelistet:

▶ Club der Besten
  - Club der Besten
  - Excellence Club
  - Top Club
  - Champions Club
  - Performance Club
  - Premium Club
  - Sterne Club
  - All Star Lounge
  - Club 100
  - Club der starken Typen
  - Profi Club
  - Club Lion d'or
  - Platin Club
  - Star Club
  - Erfolgsforum
  - Diamond Masters
  - ... Summit Club – welcome to Excellence
  - Winner's Circle
  - Power Lounge
  - Elite Club
  - Raum für Sieger
  - Sieger-Stätte
  - Club der Ausgezeichneten
  - Platz für Sieger

- Arena der Erfolgreichen
- Sieger-Separee

▶ Allgemeines
- Reach for the Top
- Sales Offensive
- Sales Attack
- Power Punkte Party
- Aftersales Offensive
- Ran an den Speck!
- Prämienparty
- Teuflisch verkaufen – höllisch absahnen
- Xtra Prämiensystem
- Roadrunner
- Aktivkurs
- Happy Weekend
- Herausforderung – sehen, was Sache ist
- Gloria by ...
- Jackpot Oberklasse
- Allgemeine Ölkontrolle
- Moving forward
- Gut beraten. Groß gewinnen.
- Abenteuer-Tour
- Die Bausteine des Erfolgs
- Highlights – Start in neue Dimensionen
- Erfolge beflügeln
- Sales Booster
- Passione ... - die neue Leidenschaft im Verkauf
- Chartbreaker
- Lebens-Künstler – die beste Strategie zählt
- WWW – wir wollen wachsen
- Top Sales Award
- Sales Push

- Sport
  - Challenge – win the world
  - Trophy – test the limits
  - Gipfelstürmer
  - Snow Olympics
  - Tour of Passion
  - Ironman
  - Champions League
  - ... Cup
  - Volltreffer
  - Dream Team
  - Gipfeltreffen
  - Medaillen-Macher
  - Reach out for the Medal
  - Go for Gold
  - Zeit für Sieger

- Motorsport
  - Highway one – your road to success
  - Gas geben! Prämien gewinnen.
  - Golden Aftersales Rallye
  - Spirit of the Race
  - Mit Vollgas punkten
  - Punkte für die Poleposition

- Segeln
  - MatchRace
  - Erfolgs-Regatta
  - Treasure Island
  - Schatzinseln
  - America's Cup
  - Sommer-Regatta
  - Sell and Sail

- Western
  - Orange County – TopSeller wanted
  - Joker Poker: Wer was riskiert, kassiert!
  - Sales Duell
  - Wild Adventure
  - Goldfieber
  - Piff-Paff-Punkte

- Agentenstory
  - In geheimer Mission
  - Operation Z (wie Zubehör)
  - Mission possible
  - Codewort K.U.N.D.E.
  - One Million Dollar Men
  - Sell another Day
  - Winner: Most wanted

- Science Fiction
  - Starship ...
  - Start in neue Dimensionen

- Reiseziel
  - Karibik Cup
  - Samba Brazil
  - Viva Mexico
  - Abenteuer Istanbul
  - Expedition ewiges Eis
  - Bella Italia
  - The Rockefellers
  - Prager Punkte

6.4 Kick-off – wie startet man die Kommunikationsmaßnahmen richtig?

Der Kommunikationsauftakt anlässlich eines Verkaufswettbewerbs ist nicht nur der Startschuss für den Beginn des Wettkampfs, sondern er legt die entscheidende Grundlage für die Inszenierung der nun folgenden Aktionsstory. Aus diesem Grund kommt es hier – ähnlich wie beim Auftritt eines großen Stars auf einer Bühne – darauf an, die richtigen Akzente zu setzen.

Leider verpassen viele Incentive-Geber die damit verbundenen Chancen und schicken stattdessen per Hauspost eine – womöglich auch noch schlecht fotokopierte – Mitteilung auf grauem Umweltschutzpapier an die potenziellen Teilnehmer. Anstelle einer persönlichen Anrede gibt es einen Betreff mit Aktenzeichen, der Text ähnelt einer Bleiwüste und als Unterschrift steht da „gez. Chef". Aus Gewissenhaftigkeit lesen die Empfänger eine solche Mitteilung (vielleicht), aber persönlich angesprochen und motiviert fühlen sie sich davon nicht. Sicherlich sind nicht alle Ankündigungen so profan gestaltet wie hier beschrieben, aber dennoch lässt die Wettbewerbsankündigung oder die Gewinnauslobung in vielen Fällen das Herzblut und Engagement vermissen, das in der Folge von den Teilnehmern erwartet wird.

Genau wie der Wettbewerb muss auch die begleitende Kommunikation etwas Besonderes sein. Schließlich sollen die Maßnahmen zu Spitzenleistungen jenseits der alltäglichen Routine anspornen! Das funktioniert aber nur, wenn die Ankündigung nicht wie ein anonymes Rundschreiben daherkommt, sondern sich positiv von den typischen Geschäftsvorgängen abhebt. Dazu gehört vor allem die persönliche Ansprache in einer spannenden Verpackung! Nur dann wird bei den angeschriebenen Teilnehmern auch das Interesse für den Wettbewerb geweckt und sie haben die nötige Motivation, um die geforderten Mehrleistungen zu erbringen.

Eine gute Kick-off-Kommunikation schafft es, eine grundsätzliche Aufmerksamkeit für den Wettbewerb zu wecken und neugierig auf das zu machen, was nun folgt. Diese Neugier muss dann allerdings kontinuierlich bedient werden, das heißt, nach der Kick-off-Kommunikation folgt die Regelkommunikation, die den Wettbewerb immer wieder in den Fokus der Teilnehmer rückt, damit er neben den normalen Alltagstätigkeiten nicht in Vergessenheit gerät. Die Erfahrung zeigt, dass man in den ersten acht Wochen eines Wettbewerbs mindestens zwei bis drei Kommunikationsimpulse benötigt, um den Wettbewerb fest in den Köpfen zu verankern.

Wie so eine gelungene Kick-off- bzw. Regel-Kommunikation aussehen kann, zeigt das nachfolgende Beispiel. Ein italienischer Automobilkonzern wollte seine Marke X für die Verkäufer in den Autohäusern erlebbar machen. Ein spannender Incentive-Wettbewerb sollte das Prestige der Autos bei den Verkäufern steigern und sie gleichzeitig motivieren, mehr Neuwagen zu verkaufen. Die Aktionsstory sah vor, dass der fiktive und angesagteste Fernsehsender Italiens – Numero Uno – den besten Verkäufer der betroffenen Automarke in Deutschland sucht. Das Motto dazu lautete: „Passione X – die neue Leidenschaft im Verkauf!" Zugpferd für die Kommunikationsmaßnahmen war die – ebenfalls fiktive – attraktive Moderatorin des Senders, die real durch eine typische Italienerin verkörpert wurde und für einen fulminanten Aktionsauftakt in den Autohäusern sorgte. Die persönliche Vorstellung des Wettbewerbs in den Autohäusern samt Übergabe der Startunterlagen wurde von Fotografen im Bild festgehalten. Damit standen die Verkäufer von Anfang an im Rampenlicht.

Im Verlauf des Wettbewerbs meldete sich Numero Uno in regelmäßigen Abständen mit brandheißen Informationen und sorgte auf einer eigens eingerichteten Wettbewerbs-Website im Internet mit aktuellen Presseberichten, Interviews, Rankings, monatlichen Gewinner-Bekanntgaben sowie mit Klatsch und Tratsch rund um die prominentesten Verkäufer für großen Wirbel. Zusätzlich erschien ein eigenes Top Magazin und berichtete aus der Welt der High Society in den Autohäusern. Durch die mediale Aktionsstory wurden die besten Verkäufer in den Mittelpunkt gerückt und ihre Leistung entsprechend allgegenwärtig für alle inszeniert. Gleichzeitig sorgte die breite und auffällige Berichterstattung für einen kontinuierlichen Spannungsbogen und baute einen hohen Informationstransfer auf. Die abschließende VIP-Incentive-Reise für die 15 besten Verkäufer nach Italien stellte den emotionalen Höhepunkt des abwechslungsreichen Wettbewerbs dar.

6.5 Möglichkeiten der Kommunikation

Generell gibt es eine große Bandbreite an Kommunikationsmitteln und -wegen, die sich zur Vorstellung und Begleitung eines Verkaufswettbewerbs einsetzen lassen. Zum einen gibt es die klassische Offline-Kommunikation in Form von Briefen, Mailings oder Produktsendungen, zum anderen gibt es die Online-Kommunikation mit E-Mails oder über eine Website. In der Regel ist eine Kombination aus Offline- und Online-Optionen am wirkungsvollsten, weil sich so die Vorteile der jeweiligen Kommunikationskanäle effektiv ergänzen können. Per E-Mail lassen sich beispielsweise kurzfristige Informationen zeitnah an die Teilnehmer verschicken, während sich mit postalischen Mailings auch haptische Anreize – wie beispielsweise Gimmicks – versenden lassen.

Und dann gibt es natürlich noch die Face-to-Face-Kommunikation, sei es durch die persönliche Ansprache der Teilnehmer auf dem Flur, in der Kantine oder in Meetings. Diese direkte Kommunikation kann sehr motivierend wirken, vor allem wenn sie neben der Projektleitung auch von der Geschäftsführung und/oder den zuständigen Führungskräften aktiv betrieben wird. Die Teilnehmer haben durch das persönliche Gespräch das Gefühl, dass der Wettbewerb und ihre Performance wichtig für das Unternehmen sind, und strengen sich entsprechend mehr an. Und letztlich sorgt auch der Austausch der Teilnehmer untereinander für eine nachhaltige Wettbewerbskommunikation – denn der Effekt des sogenannten „Word-of-Mouth"-Marketings bzw. der Mundpropaganda im Sinne von „Hast Du schön gehört?!" ist nicht zu unterschätzen!

Entscheidend ist allerdings immer die richtige Dosierung der Kommunikation: Wie eingangs bereits erwähnt, reicht ein fulminanter Kick-off allein nicht aus, sondern es muss eine kontinuierliche Regelkommunikation folgen, um die Aufmerksamkeit für den Wettbewerb durchgängig aufrechtzuerhalten. Der Einsatz verschiedener Kommunikationsmittel sorgt dabei für Abwechslung und kann außerdem auch noch das Aktionsmotto zusätzlich unterstreichen. Allerdings ist bei der Wahl der Mittel auf die Kommunikationsgewohnheiten der Zielgruppe zu achten – so macht es beispielsweise keinen Sinn, Teilnehmer, die kaum oder gar keinen Internetzugriff haben, via E-Mails zu informieren!

Broschüre, Flyer, Poster

Diese drei Kommunikationsmittel werden meistens im Rahmen des Kick-offs eines Incentives eingesetzt. Sie eignen sich aber auch sehr gut, um starke Zwischenimpulse im Verlauf des Wettbewerbs zu geben.

Die **Broschüre** dient in der Regel zur Ankündigung und Erklärung des Wettbewerbs. Ihr Umfang kann je nach Bedarf variieren, sodass sich mit ihrer Hilfe viele verschiedene Inhalte in einem festen Rahmen abbilden lassen. In der Regel werden in einer Broschüre die Zielsetzungen sowie die Teilnahmebedingungen und -regeln des Wettbewerbs vorgestellt, die zu gewinnenden Prämien präsentiert und natürlich die Aktionsstory inszeniert.

Über ein **Poster** lässt sich die positive Ausstrahlung eines Incentives in den Alltag bzw. an den Arbeitsplatz bringen. Wird es an exponierter Stelle aufgehängt, ist es ein wertvoller Verstärker des Wettbewerbsgedankens und fungiert als nützlicher Multiplikator. Gleichzeitig kann es Verweise auf weiterführende Informationen – wie beispielsweise die URL der Wettbewerbs-Website – enthalten.

Der **Flyer** stellt die kostengünstige Alternative zur Broschüre und/oder Poster dar. Auf ihm lassen sich die wichtigsten Fakten in komprimierter Form darstellen. Abhängig vom Verteilungszeitpunkt kann er auch als gezielter Hinweis oder Reminder für Sonderaktionen im Rahmen des Wettbewerbs eingesetzt werden.

Briefpapier, Umschläge

Briefpapier und Umschläge sind zwar keine Kommunikationsmaßnahmen, sondern Träger bzw. Verpackung für die zu übermittelnden Botschaften – aber damit kommt ihnen eine entscheidende Rolle im Rahmen der Gesamtkommunikation zu. Abhängig von ihrer Gestaltung können sie die Aufmerksamkeit der Empfänger verstärkt auf ihren Inhalt lenken. Aus diesem Grunde sollte sich beispielsweise auf jeden Fall das entwickelte Aktionslogo auf Briefen und Briefumschlägen im Zusammenhang mit dem Wettbewerb wiederfinden. So heben sich die Sendungen nachhaltig von der restlichen Post ab und sorgen für Abwechslung im Tagesgeschäft. Der Empfänger kann die Wettbewerbskommunikation sofort identifizieren, sie – hoffentlich mit Spannung und Neugier – sofort selektieren und vor den restlichen Briefen öffnen.

Mailings, Postkarten, Faxe

Diese drei Kommunikationsmittel zählen quasi zu den Klassikern der Informationsübermittlung. Dabei lassen sich mit ihrem Einsatz nicht nur Fakten, sondern durchaus auch Emotionen überliefern.

Mailings dienen als wiederkehrende Maßnahme vor allem der Motivation. Dabei erfüllen sie gleich mehrere Aufgaben: Sie bauen die notwendige Spannung auf, sorgen für deren Aufrechterhaltung und sie enthalten aktuelle Informationen rund um den Wettbewerb. Darüber hinaus dienen sie dem persönlichen Erfolgscontrolling des Empfängers, indem sie den aktuellen Zwischenstand oder die neuen Etappensieger kommunizieren. Das Optimum für eine regelmäßige Kommunikation ist dabei ein monatlicher Rhythmus, das Minimum liegt bei einmal pro Quartal – die Frequenz hängt davon ab, wie stark der Wettbewerb in der Aufmerksamkeit bzw. im Tagesgeschäft der Teilnehmer verankert ist. Die Form der Motivationsmailings ist von verschiedenen Faktoren abhängig. Die einfachste Variante des Mailings ist das personalisierte Anschreiben auf Aktionsbriefpapier. Soll die Kommunikation hochwertiger sein und neben den eigentlichen Wettbewerbsthemen auch weitere unternehmensspezifische Themen einschließen, bietet sich die Produktion eines Newsletters an. Dieser kann – abhängig vom Budget – entweder per Post oder elektronisch an die Empfänger verschickt werden.

Handgeschriebene **Postkarten** sind im digitalen Zeitalter zunehmend zur Rarität geworden – und genau dieser Umstand macht sie zu einem besonders wirkungsvollen Kommunikationsmittel. Zudem sind Postkarten mit nur geringen Kosten verbunden, wobei sie mit einem außergewöhnlichen Format dennoch überdurchschnittliche Aufmerksamkeit hervorrufen können. Sie ermöglichen eine sehr persönliche Ansprache des Empfängers und über das gewählte Motiv lässt sich eine ideale Verknüpfung zum Wettbewerbsmotto oder der zu gewinnenden Incentive-Reise herstellen. Dabei sorgt die Kombination von großem Bildmotiv und wenig Textfläche für eine schnelle Aufnahme und Wahrnehmung der Inhalte – damit sind sie auch ein idealer Weg zur Vorstellung einer neuen Top-Prämie oder zur Geburtstagsgratulation.

Und zu guter Letzt ist auch das **Fax** noch ein sehr aufmerksamkeitsstarkes Kommunikationsmedium – sicherlich auch, weil Faxe immer seltener verschickt werden und damit schon einen ähnlichen Seltenheitswert wie die Postkarte haben!

E-Mails

E-Mails oder personalisierte HTML-Mails haben sich in den vergangenen Jahren zu einem beliebten Kommunikationsmittel entwickelt. Sie lassen sich zeitnah erstellen und verschicken und sind zudem auch noch sehr kostengünstig. Durch die zunehmend mobile Internetnutzung können sie von den Empfängern auch von unterwegs abgerufen werden und ermöglichen damit eine allgegenwärtige Zielgruppenansprache. Aktuelle Punktestände, Ranglistenplätze, neue Prämien und Top-Performer des Wettbewerbs lassen sich auf diesem Wege zeitnah kommunizieren. Gleichzeitig lassen sich mit einer Mail auch komplexere Inhalte in Form von Dokumentenanhängen schnell und einfach übermitteln – so kann beispielsweise eine Broschüre auch als PDF-Datei per E-Mail verschickt werden, wenn aus Kostengründen keine gedruckte Version erstellt werden soll.

Um die Wirkung von E-Mails zu erhöhen, ist eine individuelle Ansprache der Empfänger empfehlenswert – insbesondere, wenn es um eine Zwischenstandsmeldung im Wettbewerb geht. Mit einem persönlichen Text können die Empfänger – abhängig vom aktuellen Performance-Grad – entweder als Top-Performer gelobt oder aber zu mehr Engagement motiviert werden. Der damit verbundene Zeit- und

Kostenaufwand zahlt sich durch die Motivation des einzelnen Teilnehmers aus und schlägt sich später im Gesamtergebnis des Wettbewerbs nieder.

Eine weitere Variante der E-Mails sind die sogenannten HTML-E-Mail-Newsletter. Sie stellen eine moderne und kostengünstige Alternative zum Motivationsmailing oder zum gedruckten Newsletter dar. Newsletter-Tools helfen hier nicht nur bei der Erstellung, sondern auch beim Adressmanagement und anschließendem Versand. Die Gestaltungsmöglichkeiten elektronischer Newsletter sind vielfältig und sie bieten zudem die Möglichkeit, durch Verlinkungen direkten Traffic für die Wettbewerbs-Website zu generieren. So können die Empfänger ohne Medienbruch weitere Informationen rund um den Wettbewerb im Internet abrufen. Und im Sinne der Erfolgskontrolle ein ganz wichtiger Aspekt: Der Wirkungsgrad der Newsletter lässt sich bis ins letzte Detail auswerten, d. h., man kann genau ermitteln, wie oft der Newsletter gelesen wurde, wie lange er angeschaut wurde, was angeklickt wurde etc.

Bei der Gestaltung von HTML-Newslettern ist allerdings zu beachten, dass unterschiedliche E-Mail-Clients (Outlook, Thunderbird etc.) die Inhalte häufig unterschiedlich darstellen – entsprechende Sichttests sind deshalb vorher empfehlenswert. Darüber hinaus ist beim E-Mail-Newsletter zu bedenken, dass die Flut an E-Mails und Spams dazu führen kann, dass der Newsletter im allgemeinen Kommunikations-Overkill verloren geht bzw. bei zu hoher Frequenz als Spam deklariert wird.

Teaser und Gimmicks

Neben den bislang vorgestellten typischen Kommunikationsmitteln bietet sich bei einem Wettbewerb darüber hinaus auch der Einsatz von Teasern, Gimmicks oder Nippes an. Diese sorgen für zusätzliche Aufmerksamkeit, die Teilnehmer bekommen etwas „Greifbares" in die Hand und der Wettbewerb wird zusätzlich emotionalisiert.

Abhängig von der Aktionsstory und dem dafür entwickelten Kommunikationskonzept können die Teaser und Gimmicks verschiedene Aufgaben erfüllen:

▶ Regelmäßig an das Incentive erinnern,
▶ „heißmachen" auf den Hauptgewinn (Incentive-Reise),
▶ Motivation, Ansporn und Durchhaltevermögen fördern,
▶ eine „Nettigkeit" des Incentive-Gebers sein.

Den kreativen Ideen bei der Auswahl sind dabei nahezu keine Grenzen gesetzt, die Teaser oder Gimmicks sollten lediglich einen klar erkennbaren Bezug zu dem Wettbewerbsthema haben. Wenn der Hauptgewinn eines Wettbewerbs beispielsweise aus einer Incentive-Reise an eine ausgefallene Destination besteht, kann man entsprechende Dinge mit lokalem Bezug an die Teilnehmer versenden. Das kann ein Hotelprospekt oder Reiseführer sein, Postkarten oder spezielle Briefmarken aus der Region, aber auch typische Andenken oder Gewürze bzw. Lebensmittel aus dem jeweiligen Land.

Bei Wettkämpfen, die unter einem sportlichen Motto stehen, bieten sich Gimmicks wie Energy-Drinks, Traubenzucker, Müsliriegel, Springseil, Schweißbänder oder Kappen an – diese lassen sich auch bei Bedarf gut mit dem Wettkampf-Motto versehen und sorgen so für eine zusätzlich Bindung.

Teaser und Gimmicks können auch geschickt für die Kick-off-Kommunikation genutzt werden – eine sehr probate Idee war beispielsweise, zum Auftakt des Wettbewerbs einen Spiegel mit der Aufschrift „So sieht ein Gewinner aus" an alle Teilnehmer zu verschicken!

Anrufe

Ein weiteres sehr probates Kommunikationsmittel ist das Telefon. Zwar ist ein gewisser Zeitaufwand damit verbunden, aber gleichzeitig ermöglicht dieser Kommunikationskanal eine sehr persönliche und direkte Ansprache ausgewählter Teilnehmer. So kann der Incentive-Geber beispielsweise jeden Monat die zehn besten Teilnehmer persönlich anrufen und ihnen zu ihrer herausragenden Performance gratulieren. Dieses direkte Lob vom Chef sorgt für einen starken Motivationsimpuls, der sich nachhaltig im weiteren Wettbewerbsengagement niederschlägt – vor allem, weil der Teilnehmer damit das Gefühl vermittelt bekommt, dass seine Leistung von den entscheidenden Stellen wahrgenommen wird. Eine andere Möglichkeit – beispielsweise bei stark abverkaufs- bzw. abschlussorientierten Wettbewerben – ist es, jeden Teilnehmer anzurufen, der gerade seinen zehnten Abschluss getätigt hat. Nach der Gratulation wird er nach seiner Lieblingspizza gefragt und die bekommt er dann zur Mittagspause an seinen Arbeitsplatz geliefert!

Personalityshows

Eine weitere effektive Option ist die Veröffentlichung der Einzelerfolge. Gerade im Vertrieb bestimmen die öffentliche Wahrnehmung und der persönliche Status stark die Wertschätzung. Diese Mechanismen lassen sich gut für die Wettbewerbskommunikation nutzen, indem man z. B. einmal im Monat oder im Quartal ein Interview mit den besten Teilnehmern führt und sie nach ihrem persönlichen

Erfolgsrezept fragt. Dieses Interview wird anschließend – auf jeden Fall mit Foto des Interviewten – in der wettbewerbsbegleitenden Zeitschrift oder der internen Mitarbeiter-Zeitschrift abgedruckt. Noch wirkungsvoller ist das Drehen eines Videointerviews, welches auf der Wettbewerbsplattform im Internet bzw. im Intranet eingestellt wird.

Der Effekt dieser Personalityshows strahlt in verschiedene Richtungen: Zum einen fühlt sich der Interviewte extrem geschmeichelt und geehrt, weil seine Leistung so prominent gewürdigt wird. Zum anderen möchten die Leser bzw. Zuschauer des Interviews auch gerne einmal diese Aufmerksamkeit genießen; daraus entsteht eine gesteigerte Motivation für den weiteren Wettbewerb. Ein weiterer positiver Nebeneffekt ist, dass die Vorstellung der persönlichen Erfolgsrezepte zu einer weiteren Qualifizierung aller Teilnehmer führt, da sie sich hier wertvolle Tipps für zukünftige Verkäufe abschauen können.

Website

Abschließend folgt nun ein Kommunikationsmittel, ohne das mittlerweile kein Incentive-Wettbewerb mehr auskommt und das in den vorherigen Kapiteln schon mehrfach erwähnt wurde – die wettbewerbsbegleitende Online-Plattform im Internet bzw. Intranet. Eine derartige Website ermöglicht nicht nur eine extrem schnelle und vor allem interaktive Kommunikation mit den Teilnehmern, sondern sie ist auch eine ideale Plattform für das Übermitteln komplexerer Inhalte. Durch den Einsatz multimedialer Tools kann eine starke emotionale Komponente in der Kommunikation erreicht werden. Darüber hinaus ermöglichen intelligente Datenbanktechnologien Verknüpfungen von unternehmenseigenen Systemen mit dem aktuellen Wettbewerbsranking, sodass auf diesem Wege beispielsweise sehr zeitnahe Rankings veröffentlicht werden können.

Bestandteile einer Website

Moderne Content-Management-Systeme und neue Web-Technologien erweitern die Bandbreite der möglichen Bestandteile einer Website unaufhörlich. Dabei sind bestimmte Komponenten ein „Must-have", andere wiederum eher ein „Nice-to-have". Die jeweilige Bedeutung hängt dabei entscheidend von der Art des Wettbewerbs und seinem Bewertungssystem ab. Aus diesem Grunde werden nachfolgend die beiden zentralen Website-Ausrichtungen samt ihren wesentlichen Bestandteilen vorgestellt.

Typ A: Website für einen Verkaufswettbewerb mit offenem Punktesammelsystem

Ihre wesentlichen Bestandteile setzen sich wie folgt zusammen:

▶ Die **Homepage** stellt den Eingangsbereich zur Website dar. Hier können sich die Teilnehmer mit ihrem persönlichen Zugangscode einloggen und finden dann Teaser zu allen wesentlichen Informationen und Neuigkeiten rund um den Verkaufswettbewerb.

▶ Auf den sogenannten **Kontoseiten** werden die Ergebnisse des Teilnehmers im Detail abgebildet und nicht – wie beispielsweise in den Rankings – in kumulierter Form. Die Detaildarstellung ist für den Teilnehmer sehr hilfreich, da er hierüber genau nachvollziehen kann, warum welche Punkte für welche Aktion auf seinem Konto gelandet sind!

▶ Von entscheidender Bedeutung ist der **Prämien-Bereich**, denn um die hier aufgeführten Belohnungen geht es schließlich am Ende des Wettbewerbs. Ideal ist eine übersichtliche und beispielsweise nach Rubriken geordnete Darstellung der Prämien mit Abbildungen und kurzen Beschreibungen. Als hilfreich erweisen sich vielfach zusätzliche Features wie beispielsweise die **separate Anzeige von punktenahen Prämien**, die dem aktuellen Punktestand des Teilnehmers entsprechen. Alternativ kann es auch einen Navigationspunkt mit den **Top-Prämien** geben, die bisher die meisten Bestellungen hatten, gegebenenfalls auch mit einer Empfehlungsfunktion im Sinne von: „Teilnehmer, die diese Prämie bestellt haben, haben auch diese Prämie bestellt." Ein weiteres, sehr beliebtes Feature im Zusammenhang mit den Prämien ist die **Wunschliste**, auf die ein Teilnehmer zu Beginn des Wettbewerbs seine Wunschprämie setzen kann, damit er später vom System informiert wird, wenn er genügend Punkte dafür gesammelt hat.

▶ Wichtig für den generellen Ablauf des Wettbewerbs ist der **Kontaktbereich** für Fragen und Feedback der Teilnehmer. Die Anfragen sollten nach Themen strukturiert abgeschickt werden können, damit sie gleich an die richtige Stelle zur Beantwortung weitergeleitet werden können. Äußerst hilfreich an dieser Stelle ist die Hinterlegung eines „Ticket-Systems", das die Beantwortung der Kontaktanfragen reportet und kontrolliert.

▶ Was abschließend nicht fehlen darf, ist das **Reglement** mit den rechtlichen Rahmenbedingungen und dem kompletten Kleingedruckten. Dieser Part muss beim ersten Einloggen vom Teilnehmer gelesen und durch Setzen eines Häkchens akzeptiert werden.

Typ B: Website für einen Verkaufswettbewerb mit geschlossenem Bewertungssystem

Auf diesem Website-Typ finden sich viele der eben vorgestellten Bestandteile wieder – dazu gehören die **Homepage**, die **individuellen Kontoseiten** und das generelle **Ranking**, der **Kontaktbereich** und auf jeden Fall das **Reglement**.

Anders als beim offenen Bewertungssystem, wo es eine sehr große Bandbreite an Prämien gibt, ist beim geschlossenen Bewertungssystem durch die limitierte Anzahl an Gewinnern auch die Zahl der **Prämien** bzw. der Hauptgewinn in Form einer **Incentive-Reise** klarer eingegrenzt. Umso wichtiger ist hier eine wirkungsvolle Inszenierung, die dem Wert der Prämien bzw. der Incentive-Reise gerecht wird. Gerade bei einer Incentive-Reise sollten alle multimedialen Möglichkeiten genutzt werden, von Fotos über Voicestreams bis hin zu Videos. Letztere könne im Falle von Vorreisen auch gerne an Ort und Stelle im Dogma-Stil mit der Handkamera gedreht werden und dann als atmosphärischer Teaser online gestellt werden.

Ein zusätzlicher Bestandteil dieses Website-Typs ist der **Performance-Rechner**. Hintergrund für die empfehlenswerte Integration dieses Features ist der Umstand, dass man es gerade bei geschlossenen Wettbewerben oft mit den verschiedensten Wertungskriterien zu tun hat, die für das abschließende Ranking miteinander kombiniert werden. Mithilfe des Performance-Rechners kann der Teilnehmer erkennen, an welchen Faktoren er arbeiten muss, um seine aktuelle Position in der generellen Rangliste zu verbessern. Dazu kann er im Performance-Rechner entsprechende Simulationen vornehmen, indem er seine Performance bei verschiedenen Wertungskriterien mittels eines kleinen Schiebers verändert – er beispielsweise so tut, als hätte er ein bestimmtes Produkt mehr verkauft oder ein bestimmtes Kriterium besser erfüllt. Anschließend sieht er, wie sich seine Punkte und sein Ranglistenplatz durch diese bessere Performance verändern würden, und kann dann im weiteren Wettbewerb gezielt darauf hinarbeiten.

Kommunikationstools der Website

Neben den vorgestellten Bestandteilen der verschiedenen Website-Typen gibt es darüber hinaus natürlich noch eine Reihe weiterer Komponenten, die als Kommunikationstools in die Wettbewerbs-Website integriert werden können:

▶ **Chats** bieten sich für den interaktiven Dialog zwischen den Teilnehmern an – am besten mit Unterstützung eines Moderators, um einen geordneten Ablauf sicherzustellen.

▶ **Foren** sind insbesondere für den Austausch über aktuelle Themen oder Verkaufstipps hilfreich, wobei hier auf jeden Fall ein Moderator zum Einsatz kommen sollte, der z. B. unqualifizierte Beiträge entsprechend entfernt.

▶ Mit dem Feature **Who is online?** lässt sich zeigen, wer sich aktuell auf der Website eingeloggt hat – dies ist insbesondere bei Chats und Foren interessant.

▶ Mithilfe von **Qualifikationstools** oder interaktiven **Quiz-Mechaniken** können auf spielerische Art gezielt Wissen transportiert und in der Folge weitere Punkte generiert werden.

▶ Um die Verweildauer und Zugriffsraten zu erhöhen, bietet sich die Integration von verschiedenen **Spielen** an. Die Bandbreite reicht hier von kleinen Online-Games bis hin zum interaktiven Adventskalender.

▶ Eine Website ist die optimale Plattform, um **Bildergalerien** oder **Videos** von Events rund um den Wettbewerb sowie Porträts der Teilnehmer online zu stellen und zum Herunterladen anzubieten.

▶ Ein weiteres beliebtes Feature sind **Downloads**: Vom Handy-Klingelton über Bildschirmschoner bis zum Desktop-Hintergrund ist alles denk- und machbar. Gleichzeitig stellt die Integration der Downloads in das tägliche Arbeitsumfeld eine kontinuierliche Aufmerksamkeit des Teilnehmers für den Wettkampf sicher.

▶ **Umfragen** geben nicht nur den Teilnehmern das Gefühl, ihre Meinung zum laufenden Wettbewerb bzw. zu aktuellen Themen äußern zu können, sondern auch der Incentive-Geber kann über sie wertvolle Rückschlüsse hinsichtlich der Akzeptanz erhalten. Die Umfrage kann beispielsweise als „Monatsfrage" oder „Trendbarometer der Woche" deklariert werden. Mit einer intelligenten Online-Mechanik lässt sich eine zeitnahe Veröffentlichung der Ergebnisse sicherstellen – so sollten die Antworten der Monatsfrage spätestens dienstags auf der Website zu finden sein.

Kommunikationstools im Internet

Neben den kommunikativen Instrumenten auf der unternehmenseigenen Website gibt es zudem im Internet verschiedene externe Plattformen bzw. Angebote, die sich für die wettbewerbsbegleitende Kommunikation einsetzen lassen. Besonders geeignet sind dafür die sogenannten Social Communitys wie beispielsweise XING oder YouTube, die im digitalen 21. Jahrhundert von immer mehr Menschen zur Pflege ihrer privaten oder beruflichen Kontakte genutzt werden. Entsprechend gewinnt Marketing 2.0 oder Social Media Marketing zunehmend an Bedeutung bei der Vermarktung von Produkten – das gilt auch für die Kommunikation im Rahmen von Verkaufswettbewerben. Darüber hinaus lassen sich auf diesem Wege auch Teilnehmergruppen, die zwar auf der firmeneigenen Aktionswebsite unterwegs sind, das Internet aber ansonsten bislang nicht besonders stark für ihre Verkaufsaktivitäten nutzen, aktivieren. Die nachfolgenden Ideenansätze zeigen am Beispiel von Automobilverkäufern, wie eine solche Aktivierung aussehen kann.

Das erste Beispiel setzt auf die Networking-Funktionalitäten des Business-Netzwerks XING. Nachdem in einem Verkaufswettbewerb die besten 50 Verkäufer identifiziert wurden, erhalten diese für ein Jahr lang die Mitgliedschaft auf XING bezahlt und werden Mitglied in einer speziellen XING-Gruppe. Auf der unternehmenseigenen Aktionswebsite wird ihnen anschließend erklärt, wie sich mithilfe von XING Kontakte knüpfen und finden lassen. Ergänzende Best-Practice-Beispiele erläutern darüber hinaus, wie sich mittels XING Geschäfte anbahnen lassen. Zu diesem Zweck zeigen Verkäufer, die bereits erfolgreich auf XING unterwegs sind, in Form von Präsentationen oder kleinen Videos, wie sie über XING Kunden ansprechen, welche interessanten Business-Gruppen es dort gibt und welche Erfolge sie auf diesem Weg bereits erzielen konnten.

Das zweite Beispiel nutzt das Word-of-Mouth-Marketing via YouTube. Bei dieser Variante kann die Aufgabenstellung für die teilnehmenden PKW-Verkäufer beispielsweise lauten, nach dem Verkauf und der glücklichen Fahrzeug-Inbesitznahme durch den Käufer ein kurzes Video von ihrem Kunden aufzunehmen und dieses auf einer speziell für den Verkäufer eingerichteten Website auf dem Video-Portal einzustellen. Anschließend können die Verkäufer zukünftigen Neukunden im Verkaufsgespräch einen Hinweis auf dieses Video geben. Diese potenziellen Käufer können sich dann auf authentische Art und Weise von der Zufriedenheit anderer Kunden dieses Verkäufers überzeugen. Und selbst wenn sich ein Kunde bei der Wagenübergabe einmal nicht zu 100 % zufrieden zeigen sollte, ist das kein Problem. Im Gegenteil: Der Verkäufer kann durch entsprechendes Engagement darauf reagieren und sich als aktiver Problemlöser vor laufender Kamera betätigen. Damit wird auch ein nicht durchgehend positiver Bericht zum glaubhaften Verstärker für die anderen Videos von zufriedenen Kunden dieses Verkäufers. Vor allem aber kommen an dieser Stelle die Kunden zu Wort – und eine Kundenempfehlung ist in vielen Fällen ein noch viel stärkeres Kaufargument als die beste Verkaufsargumentation eines Verkäufers.

Egal, welche externen Plattformen man als Verstärker für die Wettbewerbskommunikation nutzt – die Teilnehmer lernen auf diesem Wege ein bislang oft kaum genutztes Tool für die Kundenansprache kennen und erhalten damit eine wertvolle Qualifikation für eine noch breitere Kundenansprache. Dieser Umstand kommt nicht nur dem laufenden Wettbewerb, sondern der generellen Vermarktungsposition des Unternehmens zugute.

Wie bekommt man Traffic auf die Website?

Nach diesem Exkurs über die generellen Möglichkeiten der Online-Kommunikation im Netz noch einmal zurück zu der eigens für den Wettbewerb eingerichteten Website des Unternehmens. Um sich als Herzstück der Kommunikation zu entwickeln, muss die Website auch entsprechend regelmäßig von allen Teilnehmern genutzt werden. Wie aber lässt sich eine hohe Nutzungsfrequenz über einen langen Zeitraum hinweg erreichen? Die Antwort darauf ist ganz einfach und schafft ein Perpetuum mobile der Kommunikation:

a) Es müssen alle vorhandenen Kommunikationsanlässe genutzt werden,

b) es müssen durch relevante Informationen Kommunikationsanlässe geschaffen werden.

Grundsätzlich kann alles, was im Rahmen des Wettbewerbs passiert, auch als Anlass dienen, um mit den Teilnehmern kommunikativ in Kontakt zu treten:

▶ neue Punkte auf dem Konto gutgeschrieben,
▶ Aktualisierung der Rangliste,
▶ neue Dateneinspielung,
▶ neue Infos zur Reise online,
▶ neue Wertungen/Quiz/Lernprogramm,
▶ allgemeine Updates auf der Website,
▶ neue Prämien im Portal,
▶ Punkte für Wunschlistenprämie erreicht,
▶ Annerkennung für 1. oder 15. Verkaufsabschluss,
▶ Geburtstagsgruß oder Gruß zum Namenstag (wer kennt den schon ...),
▶ Bester eines Monats/Quartals...

Dabei kann die Kommunikation online per E-Mail oder auch offline per Brief erfolgen. Darüber hinaus lassen sich zudem zusätzliche Anlässe schaffen, die einen Besuch der Teilnehmer auf der Website notwendig machen. Nachfolgend eine Liste mit möglichen Ansatzpunkten:

Schnellerer Informationsaustausch: Die Website muss zum Dreh- und Angelpunkt bei der Information werden, das heißt, die Teilnehmer müssen über die Online-Plattform zuerst oder schneller an Informationen zum laufenden Wettbewerb kommen als über andere Informationskanäle. In der Praxis heißt das, dass News, Presseberichte, Produkt-Updates etc. ein paar Tage vor der eigentlichen Veröffentlichung hier präsentiert werden und die Teilnehmer sich durch regelmäßige Website-Besuche einen Informationsvorsprung verschaffen können.

Brandaktueller Downloaden: Aktuelles Bildmaterial wird zeitnah auf der Online-Plattform zum Download zur Verfügung gestellt. Regelmäßige Nutzer haben so einen zügigen Zugriff auf die neuesten Produkt-Shootings oder Studien und können sich diese für den weiteren Einsatz im Wettbewerb sofort herunterladen.

Mittwoch ist News-Tag: Regelmäßige News-Updates zu festgelegten Zeitpunkten sorgen ebenfalls für eine erhöhte Besucherfrequenz. Indem beispielsweise jeden

Mittwoch aktuelle News online gestellt werden, gewöhnen sich die Teilnehmer an den Update-Rhythmus und können selbstständig die News online abrufen. Der Versand eines News-Teasers per SMS erhöht die Abrufe zusätzlich.

Presse-Spiegel: Service-Tools wie beispielsweise tagesaktuelle Pressespiegel mit allen relevanten Berichten aus der jeweiligen Branchenpresse tragen ebenfalls zu einer regelmäßigen Nutzung der Website bei. Durch die Lektüre der online hinterlegten Informationen können sich die Teilnehmer zusätzliche Qualifikationen aneignen – so lassen sich z. B. viele Argumente aus den Medien auch gut im Verkaufsgespräch nutzen.

Blog mit dem Chef: Kommunikationstools wie beispielsweise ein Blog sorgen ebenfalls für zusätzlichen Traffic, besonders wenn einer der Blogger ein Verantwortlicher der Geschäftsführung ist. Die Teilnehmer haben so das Gefühl, einen hochkarätigen Informationsaustausch pflegen zu können. Das erhöht die Attraktivität der Plattform, signalisiert die Wertigkeit und stellt einen sehr persönlichen Kontakt von der Chefetage zum Verkäufer her.

Angebot der Woche: Die Wettbewerbs-Website lässt sich auch nutzen, um regelmäßige Nutzer über spezielle, limitierte Verkaufsangebote zu informieren, beispielsweise indem der Teilnehmer nur auf der Online-Plattform wöchentlich wechselnd spezielle Produkte als attraktives Angebot für seine Kunden findet. Die angebotenen Produkte müssen einen interessanten Verkaufshebel bieten, zum Beispiel Modell XY zum Sonderpreis für xy Euro. Hier macht sich dann die regelmäßige Nutzung bezahlt, indem der, der zuerst kommt bzw. das Angebot als Erster anfordert, auch den Zuschlag für seinen potenziellen Kunden erhält.

Question of the Week: Eine „Frage der Woche" gibt den Teilnehmern die Möglichkeit, gezielt benötigtes Wissen abzufragen bzw. ihre Meinung kundzutun – die Teilnahme kann darüber hinaus auch mit zusätzlichen Punkten für das Ranking belohnt werden. Damit wird die Aktivität der Verkäufer honoriert und der Traffic auf der Website erhöht.

6.6 Welche Medienkanäle eignen sich am besten zur Kommunikation?

Grundsätzlich eignen sich alle Medienkanäle, die einem Unternehmen zur Verfügung stehen, zur Kommunikation rund um einen Verkaufswettbewerb. Die Bandbreite kann dabei von der Nutzung einer eigenen Wettbewerbs-Website im Intranet oder Internet über den Versand von E-Mails, Motivationsmailings, Newslettern, Postern, Postkarten, Faxen oder Telexen bis zur Kommunikation auf allen relevanten Veranstaltungen oder Meetings der Zielgruppe reichen. Auch interne Medien wie Mitarbeiter-Zeitschriften, ein Schwarzes Brett oder alternativ ein PS auf der Lohnabrechnung sollten in die Kommunikation miteinbezogen werden.

Je mehr Kommunikationskanäle genutzt werden, desto größer ist allerdings auch der Bedarf an einem ganzheitlichen Kommunikationskonzept. Denn es macht keinen Sinn, die Teilnehmer à la George Orwell immer und überall mit Informationen zum Wettbewerb zu überschütten. Aber es ist von zentraler Bedeutung für den Erfolg eines Wettbewerbs, in regelmäßigen Intervallen mit den Teilnehmern zu kommunizieren. Als Faustregel lässt sich sagen, dass in den ersten acht bis zwölf Wochen eines Incentives zwei bis drei Kontakte pro Monat erfolgen sollten, danach reichen ein bis zwei Kontakte pro Monat aus. Dabei sorgt der Einsatz unterschiedlicher Medienkanäle für eine erhöhte Aufmerksamkeit, wobei ein Kommunikationsplan hilft, die verschiedenen Kommunikationswege und -mittel aufeinander abzustimmen. Zudem kann ein ausgeklügelter Kommunikationsmix auch dafür sorgen, Kosten zu sparen, indem man beispielsweise umfangreiche Informationsmaterialien nur als digitale Dokumente verschickt, statt sie als deutlich teurere Drucksachen produzieren zu lassen.

Die Kommunikation eines Incentives ist umso erfolgreicher, je aufmerksamkeitsstärker und individueller sie ausfällt. Der Teilnehmer muss sich persönlich angesprochen fühlen, dann wird er die übermittelte Botschaft auch umso besser verinnerlichen. Um die Mitteilung weiter zu verstärken, sollte die Kommunikation zu der jeweiligen Aktionsstory passen und dem roten Faden des Wettbewerbs folgen. Je besser alles ineinandergreift, desto größer ist die Wirkung – wobei insbesondere der Spaßfaktor ein nicht zu unterschätzender Treiber einer erfolgreichen Teilnehmer-Kommunikation ist!

6.7 Wie misst man, ob Kommunikation die erwünschte Wirkung erzielt?

Ein Wettbewerb ist wie ein lebendiger Organismus einer ständigen Evolution unterworfen – und Gleiches gilt für die Kommunikation. Abhängig von der jeweiligen Wettbewerbsphase verändern sich die Aufmerksamkeit und die Bedürfnisse der Teilnehmer, und dieser sich wandelnde Anspruch muss auch in der Kommunikation berücksichtigt werden. Die dafür notwendigen Kommunikationsmaßnahmen lassen sich im Falle eines Jahreswettbewerbs zwar generell am grünen Tisch in der Konzeptionsphase planen, ob dieser Plan dann aber über den ganzen Aktionszeitraum 1:1 in der Praxis umgesetzt werden kann, muss während des laufenden Wettbewerbs regelmäßig überprüft werden. Dafür ist keine komplexe Marktforschung notwendig – am einfachsten ist es, wenn der Projektleiter bzw. diejenigen, die federführend für die Organisation des Wettbewerbs zuständig sind, in gewissen Zeitabständen direkt bei den Teilnehmern nachfragen, wie die Kommunikation und der Wettbewerb ankommen.

Um dabei einen halbwegs repräsentativen Querschnitt zu erhalten, empfiehlt es sich, beispielsweise jeweils zehn Teilnehmer aus der Spitze und dem Schlussfeld sowie zehn Personen, die bislang nicht an der Aktion teilnehmen, zu befragen. Bei Letzteren sollte vor allem nach den Gründen gefragt werden, warum sie nicht mitmachen. Mit interessiertem Nachfragen und gutem Zuhören kann man herausfinden, warum der Wettbewerb bei diesen Personen nicht funktioniert und kann, insbesondere bei längerfristig laufenden Wettbewerben, entsprechend darauf eingehen. Bei den aktiven Teilnehmern sollten sich die Fragen um operative Aspekte des Wettbewerbs drehen: Kennen die Befragten ihren aktuellen Punktestand oder Ranglistenplatz und sind sie mit den Wertungskriterien vertraut? Daneben gibt es noch eine Reihe weiterer Fragen, die bei der Wettbewerbsoptimierung helfen können, doch die Fragen nach „Wo stehen Sie?" und „Worum geht's eigentlich?" lassen die besten Rückschlüsse auf den bisherigen Erfolg der Kommunikation zu. Denn bei den Antworten darauf kann es erfahrungsgemäß durchaus die eine oder andere Überraschung geben, die Rückschlüsse auf Kommunikationsdefizite zulässt. Mit regelmäßigen Befragungen lassen sich solche Probleme aber zeitnah während des laufenden Wettbewerbs beheben – wichtig ist nur, dass die Organisatoren die notwendige Flexibilität bei eventuell notwendigen Abweichungen vom ursprünglichen Kommunikationsplan an den Tag legen.

6.8 Fragebogen für die Ermittlung der richtigen Kommunikations-Tonalität

Eine Kommunikation funktioniert nur dann wirklich gut, wenn sie auch auf die Zielgruppe abgestimmt ist. Es gilt, den richtigen Ton zu treffen und die Bedürfnisse der Teilnehmer in der Kommunikation aufzugreifen.

❗ PRAXISTIPP:

Bevor Sie sich an das Texten der Ankündigung Ihres Verkaufswettbewerbs machen, sollten Sie die nachfolgenden Fragen für sich beantworten.

1. In welchem Verhältnis stehen die Teilnehmer zum Incentive-Geber? Handelt es sich um Angestellte, externe Mitarbeiter oder Handelspartner?

2. Besteht ein persönlicher Kontakt?

3. Was ist der Incentive-Geber – also der Absender und Unterschreibende der Kommunikation – für ein Typ bzw. wie ist seine alltägliche Kommunikationstonalität?

4. Welche Story kommt im Rahmen des Wettbewerbs zum Einsatz?

5. Gibt es ein spezielles Wording oder Motto für den Wettbewerb, das sich als roter Faden in die Kommunikation integrieren lässt?

6. Über welche Kanäle läuft die firmeninterne Kommunikation normalerweise – und wo lassen sich durch den Einsatz anderer Kommunikationsmittel Akzente setzen?

KAPITEL 7 – WELCHE INSTANZEN MÜSSEN NOCH EINBEZOGEN WERDEN?

7.1 Management-Aktivierung – was tun, wenn bestimmte Parteien nicht mitziehen?

ADM-Involvierung

Bei Wettbewerben für Handelspartner lässt sich durch die Einbindung des eigenen Außendiensts in das Geschehen die Kommunikation zum Teilnehmer verstärken. Dabei kommt den Außendienstmitarbeitern quasi eine Botschafterfunktion zu, in der sie die Handelspartner für die Teilnahme am Wettbewerb gewinnen und ihnen die Rahmenbedingungen erläutern sollen. Konkret lässt sich der Außendienst wie folgt bei einem Wettbewerb einbinden:

▶ Aktionsankündigung vor Ort mit kleinen Präsentationen,
▶ Erläuterung der Regeln,
▶ Erklären der Website,
▶ regelmäßiges Besprechen von Zwischenergebnissen,
▶ Nachfassaktionen/Motivation.

Da der Außendienst arbeitsbedingt einen direkten Draht zu den potenziellen Wettbewerbsteilnehmern – Händlern oder deren Verkäufern – hat, ist er der ideale Multiplikator und Animateur und kann die Teilnehmer „heißmachen" auf den Gewinn. Diese persönliche Ansprache durch den Außendienst ist das effektivste Mittel, um einen Wettbewerb für Handelspartner zu „verkaufen" und noch viel wirkungsvoller als ein Motivationsbrief oder eine Rangliste. Unternehmen sollten in solchen Fällen daher immer die Kontakte ihrer Außendienstorganisation nutzen, denn Wettbewerbe mit Handelspartnern sind besonders erfolgreich, wenn der Vertrieb hinter der Aktion steht und sie aktiv unterstützt.

Diese Effekte lassen sich noch weiter steigern, wenn man nicht nur die Außendienstmitarbeiter in die Kommunikation involviert, sondern auch deren Vorgesetzte am Erfolg des Wettbewerbs beteiligt. So kann es durchaus sinnvoll sein, jedes Außendienstgebiet und jede Region – und damit die Vertriebsleiter der jeweiligen ADMs – zu beleuchten und die Ergebnisse für alle transparent zu machen. In diesem Zusammenhang gibt es eine Reihe von effektiven Auswertungsmöglichkeiten:

▶ Wie hoch ist die Zahl der Anmeldungen je Gebiet?
▶ Wie sieht die Aktivitätsquote im Gebiet aus (Logins auf Website, Teilnahme an Qualifikationen etc.)?
▶ Wie viel wird im Gebiet verkauft?
▶ Durchschnittlicher Zielerreichungsgrad im Gebiet?
▶ Etc.

Erstellt man zusätzlich noch Außendienst- und Vertriebsleiter-Ranglisten und veröffentlicht diese, kann man die Aktion nachhaltig beleben. Selbstverständlich lassen sich diese Zahlen auch hervorragend als Grundlage für eine entsprechende Incentivierung der Außendienstmitarbeiter oder Vertriebsleiter nutzen.

Führungs-Aktivierung

Ein engagiertes Umfeld trägt viel zum Gesamt(verkaufs)erfolg bei. So wird ein Niederlassungsleiter, der zum Schluss am Erfolg seines Verkäuferteams oder seiner Händler partizipiert, dem Wettbewerb und dem Engagement seiner Teilnehmer logischerweise mehr Aufmerksamkeit entgegenbringen als ein Vorgesetzter, der am Ende keine Belohnung erhält. Daher geht es bei einem Verkaufswettbewerb auch immer darum, alle Instanzen des Vertriebsprozesses miteinzubinden.

Ein Beispiel für die wettbewerbsorientierte Berücksichtigung der organisatorischen Gegebenheiten ist der nachfolgende Fall: Ziel des Wettbewerbs eines großen deutschen Transporterherstellers war es, ein von den Niederlassungsverkäufern ungeliebtes neues Transportermodell verstärkt zu verkaufen. Nachdem die Verkäufer in den 15 Monaten seit der Einführung des Transporters mit sehr vielen Kundenreklamationen wegen anfänglicher Kinderkrankheiten des in Spanien produzierten Modells zu tun hatten, war er für sie verkaufstechnisch ein rotes Tuch. Aus diesem Grunde wurden zunächst einmal alle 800 Verkäufer nach Spanien geflogen, wo sie sich vor Ort ein Bild von den tatsächlichen Optimierungen und dem mittlerweile perfekt produzierten Transporter machen konnten. Damit sollte das notwendige Vertrauen für den Start des Wettbewerbs aufgebaut werden.

Trotz dieser Vorbereitung waren die Transporter und vor allem der Wettbewerb auch nach dessen Start nicht wirklich Gesprächsthema in den Niederlassungen, und die verstärkten Verkäufe ließen auf sich warten. Der Grund dafür war ganz einfach: Die Verkaufsleiter und Niederlassungsleiter kümmerten sich nicht um die Aktion und promoteten sie auch nicht. Ein kleine Modifikation des Wettbewerbs sorgte für die entscheidende Wende: Ein Niederlassungswettbewerb wurde in das Verkäufer-Incentive integriert. In der Folge enthielten die monatlichen Ranglisten ein zusätzliches Niederlassungs-Ranking. Die Bewertungsgrundlage dafür bildete das Verhältnis der Anzahl der Verkäufe zur Anzahl der Verkäufer in der Niederlassung. Durch dieses Ranking fühlten sich die Niederlassungsleiter bei der Ehre gepackt und setzten den Wettbewerb ab sofort ganz oben auf die Tagesordnung bei allen internen Verkäufermeetings – und damit konnten dann auch die angestrebten Abverkaufssteigerungen erreicht werden.

7.2 Betriebsrat – richtig ansprechen und einbinden

Im Zusammenhang mit Verkaufswettbewerben ist der Betriebsrat eines Unternehmens eine wichtige Instanz, die auf keinen Fall bei der Planung vernachlässigt werden sollte. Denn gemäß § 87 Abs. 10 des Betriebsverfassungsgesetzes (BetrVG) hat der Betriebsrat ein Mitbestimmungsrecht bei allen Fragen der betrieblichen Lohngestaltung und nach § 87 Abs. 11 BetrVG kommt ihm außerdem ein Mitbestimmungsrecht bei der Festsetzung von Akkord- und Prämiensätzen sowie vergleichbarer leistungsbezogener Entgelte zu. Wird dieses Mitbestimmungsrecht nicht von vornherein berücksichtigt, kann sich der Betriebsrat zu einer Killer-Applikation für ein Incentive entwickeln. Aus diesem Grunde sollten die Arbeitnehmervertreter unbedingt von Anfang an mit in die Planungen einbezogen werden, um eventuell auftretende Stolpersteine oder Bedenken frühzeitig aus dem Weg räumen zu können. Ansonsten ist das Veto des Betriebsrats vorprogrammiert und der Wettbewerb muss unter Umständen gestoppt, zumindest aber modifiziert werden. Beides ist neben zusätzlichem Zeitaufwand vor allem mit unnötigen Extra-Kosten verbunden.

Bei Wettbewerben für selbstständige Handelspartner bzw. deren Verkäufer - also alle externen Teilnehmer - spielt der Betriebsrat keine Rolle und der Incentive-Geber hat bei der Planung und Ausgestaltung freie Hand.

Wie sich Stolperfallen umgehen lassen

Als institutionalisierte Arbeitnehmervertretung in Betrieben, Unternehmen und Konzernen kümmert sich der Betriebsrat um die Belange der Arbeitnehmer und ist daher auch immer dann involviert, wenn es um Leistung und Entlohnung geht. Die praktischen Erfahrungswerte zeigen, dass die meisten Betriebsräte empfindlich bis allergisch auf Wettbewerb(e) reagieren. Aus Sicht des Betriebsrats gefährden Incentives bzw. die damit verbundenen Belohnungen für die Besten das Prinzip der Gleichbehandlung der Mitarbeiter. Die bei einem Wettbewerb in der Regel entstehenden Ranglisten sind dem Betriebsrat ebenfalls ein Dorn im Auge, weil durch die Offenlegung der Performance aller Mitarbeiter in der Folge eine Benachteiligung der Nachzügler im Arbeitsalltag befürchtet wird.

Diese Befürchtungen lassen sich allerdings durch einfache Maßnahmen bei der Wettbewerbsgestaltung abschwächen bzw. umgehen. Im Zusammenhang mit dem Betriebsratswunsch nach der Gleichbehandlung aller Mitarbeiter hat sich der Teamwettbewerb als guter Ansatz erwiesen. Hier kämpfen alle Mitarbeiter gemeinsam und gewinnen auch gemeinsam - d. h., keiner wird bevor- oder benachteiligt. Eine hohe Akzeptanz bei Betriebsräten genießen auch offene Gewinnsysteme, bei denen jeder, der gewisse Ziele erfüllt, auch gewinnen kann - selbst wenn die Höhe des Gewinns variiert.

Um die Sorgen in puncto Mitarbeiter-Benachteiligung aufseiten des Betriebsrats von vornherein auszuräumen, können die individuellen Ergebnisse der Teilnehmer wie Ranglistenplatz und persönlicher Zielerreichungsgrad anonymisiert veröffentlicht werden. Eine andere Möglichkeit ist, statt Ranglisten sogenannte Erfolgslisten zu veröffentlichen, die die Vorgesetzten der Teilnehmer vom Ranglistenverteiler ausschließen. Eine weitere Alternative zu anonymisierten Ranglisten ist die Einführung von sogenannten „Nicknames". Hierbei gibt sich jeder Teilnehmer zu Beginn des Wettbewerbs einen Spitznamen, der dann später anstelle des Klarnamens in den Rankings auftaucht. Damit ist sichergestellt, dass nur der jeweilige Teilnehmer weiß, hinter welchem Nickname er steckt und wo er im Ranking auftaucht.

Beispiel einer anonymisierten Rangliste:

Platz	Name	Zielerreichung
1.	XXXXX	176 %
2.	XXXXX	165 %
3.	XXXXX	145 %
4.	XXXXX	132 %
5.	XXXXX	123 %
6.	XXXXX	122 %
7.	XXXXX	109 %
8.	XXXXX	100 %
9.	XXXXX	99 %
10.	XXXXX	98 %
:		
:		
14.	Peeder Opecta	91 %

Wichtig bei solchen anonymisierten Ranglisten ist, dass der jeweilige Teilnehmer neben seiner Platzierung und seines Zielerreichungsgrads auch aus der Rangliste ersehen kann, wie weit weg er von den Gewinnplätzen ist. Im obigen Fall gibt es sieben Gewinnplätze und der Mitarbeiter liegt aktuell auf Platz 14 – damit kann er genau sehen, welche Zielerreichung er mindestens bringen muss, um unter den Gewinnern zu sein.

KAPITEL 8 – WOMIT LASSEN SICH VERKAUFSWETTBEWERBE QUALITATIV ANREICHERN?

8.1 Effektiver Einsatz von Qualification & Training

Es reicht nicht, den Teilnehmern eines Wettbewerbs nur zu sagen: „Lauf! Lauf schneller!", man muss ihnen auch beim Laufen helfen und zeigen, wie man schneller laufen kann. Oder anders ausgedrückt: Man kann den Teilnehmern nicht nur die vielzitierte Wurst in Form von Prämien oder Incentive-Reisen vor die Nase hängen; man muss ihnen auch zeigen, wie sie diese Belohnungen erreichen können. Um hier nochmals das Bild des 10 000-Meter-Laufs aus dem olympischen Wettkampf aufzugreifen: Man kann von den Läufern nicht verlangen, dass sie den Lauf gewinnen sollen, wenn man ihnen gleichzeitig die Augen und Ohren verbindet und ihnen nicht die notwendigen Lauftechnik-Tricks zeigt. Auf den Verkaufswettbewerb übertragen heißt das, dass eine solche Maßnahme nur dann den maximalen Return on Investment erbringen kann, wenn die teilnehmenden Mitarbeiter oder Handelspartner beim Erreichen der definierten Ziele mit entsprechenden Techniken bzw. Know-how unterstützt werden. Denn wie soll ein Tankstellenmitarbeiter den Absatz von superteurem, vollsynthetischem Motoröl steigern, wenn er die überzeugenden Argumente für das Kundengespräch nicht verinnerlicht hat? Welcher Kundendienst-Techniker ist in der Lage, bei der Reparatur vor Ort den Kunden von der Garantieversicherung zu überzeugen, wenn er nicht entsprechend darauf vorbereitet wurde, indem ihm Tipps zur Kundenansprache und Abschlusstechnik an die Hand gegeben wurden?

Zu einem guten Wettbewerbskonzept auf dem „neuesten Stand der Technik" sollten daher immer Schulungseinheiten gehören. Mit sogenannten „Qualifizierungsmodulen" erhalten die Teilnehmer die Chance, ihr Wissen und ihre Fähigkeiten zu erweitern – und können dann umso eher die erwartete Mehrleistung erbringen. Denn die Frage „Wie kann ich die gesteckten Ziele am besten erreichen?" beschäftigt viele Incentive-Teilnehmer und kann durch die Implementierung von entsprechenden Trainings und Qualifications innerhalb eines Wettbewerbs beantwortet werden. Vor allem bekommen die Teilnehmer auf diese Weise nicht nur das notwendige Wissen für die geforderte Mehrleistung an die Hand, sie fühlen sich auch „fitter für den Wettbewerb", was wiederum die Motivation erhöht. Zwar können diese Instrumente eine fundierte Ausbildung oder Einarbeitung in den Job sowie fundierte Face-to-Face-Trainings nicht ersetzen. Aber sie können helfen, zusätzliches Wissen in den Relevant Set der Zielgruppe zu bringen und Gelerntes wieder aufzufrischen, zu ergänzen oder über einfache Anwendungsbeispiele die praktische Umsetzung zu erleichtern.

Diese Ausführung soll kein Aufruf zum Schulen von Wettbewerbszielgruppen sein – die meisten Unternehmen tragen der Fort- und Weiterbildung ihrer Mitarbeiter ohnehin kontinuierlich im Arbeitsalltag Rechnung. Der Wettbewerb soll auch keine Trainingsveranstaltung werden. Vielmehr geht es darum, die vorhandenen Trainingsinhalte zu vertiefen, um dem normalerweise eintretenden Trainingseffekt entgegenzuwirken. Dieser sieht in der Regel so aus: Man kommt von einem interessanten Seminar oder Training nach Hause und ist total begeistert von dem Gelernten. Anschließend stellt man den mitgebrachten Ordner in den Schrank und schaut nie wieder rein – entsprechend vergisst man viel von dem neu Gelernten wieder. Mit entsprechenden Qualifikationsmodulen im Rahmen von Wettbewerben kann man dazu beitragen, dass diese Ordner wieder in die Hand genommen und Informationen nachgeschlagen werden.

Der Einsatz von Qualifications ist dabei von zwei Faktoren abhängig: von der Art des Incentives und von der Zielgruppe. Besonders bei längerfristig angelegten Incentives können Trainingsmaßnahmen die angestrebte Nachhaltigkeit wirkungsvoll unterstützen, während sie bei kurzfristigen Aktionen wenig sinnvoll sind. Bei der Betrachtung der Zielgruppe ist es zudem wichtig zu analysieren, ob die Zielgruppe gegenüber Qualifications positiv aufgeschlossen ist. So macht es zum Beispiel keinen Sinn, bei einem Incentive für Inhaber und Geschäftsführer von Autohäusern ein Training zum Thema Kundenansprache anzubieten – damit wird man in diesem Fall nur auf taube Ohren stoßen, da ein solches Vorgehen in diesem Fall als unerwünschte Einmischung von außen empfunden würde.

Generell können und sollen Qualifikationen im Rahmen von Verkaufswettbewerben kein Ersatz für die klassischen Trainings sein. Sie sollen vielmehr als Impuls fungieren und die Teilnehmer dazu bewegen, ihre zu Hause oder im Büro stehenden Trainingsunterlagen noch einmal in die Hand zu nehmen und sich die Inhalte wiederholt ins Gedächtnis zu rufen – um das Wissen dann erfolgreich im Wettbewerb anzuwenden!

8.2 Thematische Schulungsgebiete

Es gibt eine große Bandbreite an möglichen vertiefenden Qualifikationsmaßnahmen und Schulungsthemen, sodass sich für jede Branche und Zielgruppe sowie in Abhängigkeit vom Wettbewerbsfokus maßgeschneiderte Lösungen entwickeln lassen. Im Mittelpunkt der Schulungen kann das zu verkaufende Produkt mit entsprechenden Hintergrundinformationen stehen, es kann um den Erwerb von persönlichen Qualifikationen – zum Beispiel um mehr Sicherheit oder Geschick in Verkaufsgesprächen – gehen, aber auch generelles Wissen über die aktuelle Marktentwicklung oder die Aktivitäten des Wettbewerbs können den Teilnehmern helfen, besser zu performen.

Zu den zentralen und in der Wettbewerbspraxis häufig eingesetzten Qualifikationsthemen gehören:

▶ Fach-/Produktwissen,
▶ Verkaufstechniken,
▶ aktive Kundenansprache,
▶ Gesprächseröffnung,
▶ Bedarfsermittlung,
▶ Kundentyp-Erkennung,
▶ Reklamationsverhalten,
▶ Einwand-/Vorwandbehandlung,
▶ Produktschulungen,
▶ Produktneuheiten,
▶ Wettbewerbsvergleich,
▶ Marktanalysen,
▶ Servicetraining,
▶ technisches Basiswissen,
▶ Eigenmotivation,
▶ Erfolgstechniken.

Diese Liste zeigt, dass neben den typischen Produktschulungen oder Service-trainings auch durchaus Sujets wie Eigenmotivation oder verkaufspsychologisches Wissen wie das Erkennen und Behandeln bestimmter Kundentypen auf dem Trainingsplan stehen können. Dabei lassen sich in fast allen Fällen im Unternehmen bereits vorhandene Schulungsinhalte und Produktinformationen als Grundlage für die Wettbewerbstrainingseinheiten nutzen. Sie müssen lediglich einer kurzen, knackigen Aufbereitung unterzogen werden, um anschließend als maßgeschneiderter Baustein in die Wettbewerbskommunikation eingebunden werden zu können. Erfahrungsgemäß wird dabei der beste Lerneffekt erzielt, wenn diese Inhalte im ersten Schritt in der Kommunikation platziert und im zweiten Schritt über ein Abfragesystem vertieft und kontrolliert werden.

8.3 Aufbereitung der Schulungsinhalte

Wie schon erwähnt, braucht man für Qualifikationsmodule im Rahmen eines Wettbewerbs das Rad nicht neu zu erfinden, sondern kann in der Regel auf bereits bestehende Unterlagen aus dem eigenen Haus zurückgreifen. In vielen Fällen lassen sich aus den vorhandenen Trainings- und Schulungsunterlagen oder Produktprospekten kurze Lerneinheiten entwickeln, die mit praxisnahen Verkaufstipps angereichert werden können: Wie spreche ich Kunden an; was sind Vorteilsargumente; wie bringe ich das Verkaufsgespräch zum erfolgreichen Abschluss?

Die Teilnehmer können dann beispielsweise zusammen mit ihren monatlichen Kontoauszügen und Ranglisten im Rahmen des Wettbewerbsverlaufs kleine Lerneinheiten ausgehändigt bekommen. Hierin werden die jeweiligen Wissensinformationen in kleinen Happen leicht konsumierbar präsentiert, wobei verständliche Formulierungen und eine praxisnahe Gestaltung eine zeitnahe und konkrete Umsetzung des Gelernten in der Praxis fördern. Bereits mit zwei bis drei Seiten Info-Text, einem kurzen Fragebogen zur Vertiefung des Wissens (z. B. zehn bis 20 Multiple-Choice-Fragen) und einem kleinen Anreiz für die Beantwortung des Fragebogens lassen sich nachhaltige Lerneffekte erzielen. Diese bringen die Teilnehmer auf dem Weg zum Incentive-Ziel nachhaltig voran und das Unternehmen profitiert über den Wettbewerbszeitraum hinaus von besser geschulten Mitarbeitern, Vertriebsorganisationen, Partnern!

Häufig denken Incentive-Geber, dass sie solche scheinbar simplen Multiple-Choice-Fragebogen nicht an alle ihre Verkäufer schicken können – aus Angst, dass die „alten Hasen" darüber lachen, wenn sie diese Fragen beantworten müssen. Das ist allerdings ein großer Irrtum; die Praxis zeigt, dass auch die erfahrenen Verkäufer großen Spaß daran haben. Der Grund dafür ist ganz einfach: Jeder Mensch fühlt sich gerne als kompetenter Wissensträger, wenn er einen Fragebogen mit links beantworten kann. Und der Rest fühlt sich in der Folge ebenfalls angespornt, auch dieses Wissenslevel und die damit assoziierte Souveränität zu erreichen!

Schulungsoptionen – offline oder online?

Abschließend ist nur noch die Frage zu klären, ob die Qualifizierungsmaßnahmen online oder offline stattfinden sollen. Elektronisch unterstütztes Lernen – das sogenannte E-Learning – bietet durch den Einsatz digitaler Medien eine Fülle von didaktisch wertvollen Trainingsmöglichkeiten. Mit Animationen, Kurzfilmen, Bildern sowie interaktiven Modulen können die Teilnehmer sich den Lernstoff spielerisch erarbeiten. Dabei lassen sich die Trainingseinheiten auch sehr gut in die Aktionswebsite einbinden. Das anschließende Online-Ausfüllen hat einen großen Vorteil: Mittels dahinterliegender Technik lässt sich der ausgefüllte Fragebogen in real time auswerten, sodass der Teilnehmer unmittelbar nach Beendigung der Online-Trainingseinheit auch sein Ergebnis vorliegen hat. Allerdings sind aufwendige E-Learnings natürlich auch mit entsprechenden Kosten verbunden.

Offline-Maßnahmen stellen nicht nur bei einem kleinen Budget eine gute Alternative dar. So ist ein Multiple-Choice-Fragebogen, der nach dem Ausfüllen per Post oder per Fax an die Aktionszentrale geschickt wird, generell eine schnelle und effektive Maßnahme, um das erworbene Wissen abzufragen. Steht ein größerer Budgetrahmen zur Verfügung, lassen sich auch durchaus etwas aufwendigere Face-to-Face-Maßnahmen in Form von Präsentationstrainings, Rhetorikseminaren oder Verkaufspsychologie durchführen.

Wichtig bei allen Schulungsmaßnahmen – egal ob sie online oder offline durchgeführt wurden – ist eine anschließende Überprüfung des Lernerfolgs im Arbeitsalltag, und zwar nicht nur kurzfristig, sondern auch langfristig.

8.4 Integration der Schulungsmaßnahmen in das Bewertungssystem

Auch in dieser Hinsicht bleiben Motivationskonzepte leider viel zu oft eindimensional: Alle Wertungen, die gesamte Kommunikation und sämtliche Motivationsimpulse konzentrieren sich auf das Erreichen der Zielvorgabe am Schluss des Wettbewerbs – aber der Weg dorthin wird häufig vernachlässigt. Dabei lassen sich die Qualifikationsmodule sehr gut in die Wettbewerbskommunikation integrieren. Im Idealfall wird der Trainingspart dabei so in den Wettbewerb eingebunden, dass zusätzliche Anreize zur Teilnahme daraus entstehen. Abhängig vom jeweiligen Wertungssystem kann das auf unterschiedliche Weise erfolgen: Denkbar ist die Vergabe von Sonderpunkten für die erfolgreiche Teilnahme an einzelnen Qualifikationsmodulen, die Auslobung von Verlosungsgewinnen oder sogar ein eigener Wettbewerb, bei dem die erfolgreichsten Teilnehmer der Schulungsmaßnahmen gewinnen können.

Um die Wertigkeit der Qualifikation noch weiter zu steigern, sollte die erfolgreiche Teilnahme aber nicht nur durch Extra-Punkte oder Gewinne honoriert werden, sondern die Teilnehmer sollten zum Abschluss auch eine Urkunde erhalten. Diese kann entweder den Erwerb der zusätzlichen Fachkenntnisse bestätigen oder sogar – ähnlich wie ein Zeugnis – eine Bewertung der Leistung enthalten. Letzteres stachelt den Ehrgeiz der Teilnehmer besonders an, da sich jeder gerne unter den Besten wiederfinden möchte. Darüber hinaus lässt sich das Überreichen der Schulungsurkunde entsprechend stilvoll gestalten, sodass die erbrachte Leistung des Teilnehmers durch die Übergabezeremonie noch zusätzlich aufgewertet wird.

8.5 Praxisbeispiele

Beispiel 1 für die Integration von Schulungsmaßnahmen

Branche des Kunden:	Eingesetzte Maßnahme:
Versicherungsgesellschaft	Verkaufswettbewerb
Zielgruppe/Teilnehmeranzahl:	**Laufzeit:**
1 000 Servicetechniker	neun Monate
Zielsetzung(en) der Maßnahme:	**Bewertungssystem:**
Abschlussquote von Dauergarantie-Versicherungen erhöhen	Jeder Verkauf wurde belohnt. Umsatzsystem für die Besten.

Idee/Motto:

Prämienparty Dauergarantie – jeder Vertrag ein Treffer! Mit dem Abschluss von Dauergarantien konnten die Teilnehmer attraktive Prämien gewinnen und mit dem Dauer-Lottoschein zudem am Spiel um die Lottomillionen teilnehmen.

Umsetzung:

Kunden, die über ein Versandhaus Haushaltsgeräte kaufen, lassen diese im Reparaturfall von Servicetechnikern reparieren. Diese sollen dann im Kundengespräch die Dauergarantien verkaufen. In der Konzeptphase und bei Vor-Ort-Terminen mit den Technikern stellte sich schnell heraus, dass trotz Trainings nur wenige der Techniker mit dem nötigen Produkt-Know-how ausgestattet waren. Noch weniger fühlten sich als Verkäufer und wussten, wie ein Verkaufsgespräch zu führen war.

Deshalb hätte es nichts gebracht, einen Wettbewerb zu starten, bei dem die Besten etwas gewinnen. Stattdessen wurde ein Lernspiel in das Incentive integriert.

Ziel war

a) Produkt-Know-how und

b) Gesprächsaufhänger sowie Verkaufstechniken

zu vermitteln. Zum Beispiel sollten die Techniker beim Kunden, wenn sie mit der Reparatur begonnen haben, beiläufig fragen: „Sie haben doch sicher eine Dauergarantie?"

Wertungskriterien:

Für jeden Verkauf gab es eine Prämie. Zudem wurden monatlich unter allen Teilnehmern, die sich an der Qualifikation beteiligt hatten, Prämien verlost. Zusätzlich gewannen die besten 30 die Hauptprämie.

Eingesetzte Prämien:

Für jeden Abschluss gab es als Sofortprämie einen Vier-Wochen-Dauerlottoschein, was eine kostengünstige, aber hochemotionale Prämie darstellte.

Die besten 30 Techniker wurden auf ein Party-Wochenende nach Ibiza eingeladen.

Eingesetzte Kommunikationsmaßnahmen:

Eine ausführliche Aktionsbroschüre machte die Teilnehmer „heiß" auf die Prämienparty. Alle drei Wochen wurden die Teilnehmer durch ein Motivationsmailing informiert und mit den Lottoscheinen angespornt. Diese Mailings beinhalteten auch die Qualifikations- module: drei bis vier Seiten informativer Text und ein Fax mit zehn Fragen mit Multiple- Choice-Antworten, jeweils mit verschiedenen thematischen Schwerpunkten (Produktwissen, Gesprächsaufhänger, Einwandbehandlung, Abschlusstechniken und „elegante Verkaufsge- sprächsbeender, wenn der Kunde partout nicht will").

Beispiel 2 für die Integration von Schulungsmaßnahmen

Branche des Kunden:	Eingesetzte Maßnahme:
Bausparkasse	Verkaufswettbewerb
Zielgruppe/Teilnehmeranzahl:	**Laufzeit:**
20 000 Bankmitarbeiter 100 Außendienstmitarbeiter	sechs Monate
Zielsetzung(en) der Maßnahme:	**Bewertungssystem:**
Absatzsteigerung Bausparverträge. Neue Vermittler gewinnen.	Punktesystem pro Verkauf. Umsatzsystem für die Besten.

Idee/Motto:

Bausteine des Erfolgs. Verkaufen. Punkten. Gewinnen.

Umsetzung:

Im Bauspargeschäft hat man es auf der Vertriebsseite mit stark heterogenen Leistungs-klassen zu tun. Es gibt Vermittler, die 20 bis 30 Verträge im Monat schreiben, dann gibt es die Gelegenheitsvermittler und dann die, die noch nie einen Bausparvertrag verkauft haben. Das Bewertungssystem sollte insbesondere auf die Gelegenheitsvermittler bzw. die Einsteiger zugeschnitten sein, um eine entsprechende Mehrleistung in diesem sehr großen Zielgruppensegment zu erzeugen.

Wertungskriterien:

Für den ersten Abschluss des Vermittlers im Wettbewerbszeitraum gab es eine Einsteiger-prämie. Danach gab es Staffelpunkte: für drei Abschlüsse 50 Punkte, für fünf Abschlüsse 100 Punkte und für jeden weiteren fünften Abschluss noch mal 100 Punkte. Zudem gab es für jeden Abschluss einen Sofortgewinn. Pro Außendienstgebiet wurde eine Rangliste mit den besten Vermittlern je Gebiet gebildet.

Eingesetzte Prämien:

▶ Als Einsteigerprämie gab es ein personalisiertes Schreibset.

▶ Die Sofortprämie war ein Zwei-Wochen-Dauerlottoschein.

▶ Die Punkte konnten in einem Online-Prämienkatalog in Sachprämien getauscht werden.

▶ Die besten 200 Vermittler aus allen Regionen wurden auf ein Incentive nach Griechen-land eingeladen.

Eingesetzte Kommunikationsmaßnahmen:

Im ersten Schritt wurden die Bankvorstände über die geplante Kampagne informiert und um ihre Zustimmung gebeten. Dann wurden die regionalen Banken angeschrieben, mit der Bitte, ihre Mitarbeiter namentlich zum Incentive anzumelden. Anschließend wurden die Bankmitarbeiter direkt persönlich angeschrieben oder per Sammelbox alle Teilnehmer ei-ner Bank über den Bausparverantwortlichen adressiert, der die Briefe dann intern verteilte.

In jeder Filiale wurde ein Aktionsposter platziert.

Das Startmailing bestand aus einer Broschüre und einem Steine-Puzzle. Monatliche Moti-vationsmailings (in verschiedenen zielgruppenadäquaten Textvarianten) informierten die Teilnehmer über ihren Ranglistenplatz sowie ihren Punktestand und versorgten diese mit den Lottoscheinen.

Beispiel 3 für die Integration von Schulungsmaßnahmen

Branche des Kunden:	Eingesetzte Maßnahme:
Mineralöl-Gesellschaft	Verkaufswettbewerb
Zielgruppe/Teilnehmeranzahl:	**Laufzeit:**
7 000 Tankstellenmitarbeiter (TM) in 1 000 Tankstellen	neun Monate
Zielsetzung(en) der Maßnahme:	**Bewertungssystem:**
Absatz von vollsynthetischen Motorölen steigern	Teamwettbewerb auf Regionalleiterebene, Steigerung gg. Vorjahreszeitraum

Idee/Motto:

Herausforderung Öl-Förderung. Die Teilnehmer wurden in die Welt der Öl-Förderung auf einer Bohrinsel entführt und konnten dort heldenhafte Abenteuer erleben.

Umsetzung:

In der Konzeptphase haben Feldstudien an Tankstellen ergeben, dass der gemeine Tankstellenmitarbeiter (trotz Schulungen) nur sehr wenig über vollsynthetische Motoröle weiß. Deshalb bietet der Tankstellenmitarbeiter, um Rückfragen von Kunden aus dem Weg zu gehen, meist nur billige Motoröle an. Der Verkaufswettbewerb musste also eine starke Qualifikationskomponente beinhalten – es wurde sich für monatliche Lerneinheiten entschieden.

Um die Außendienstmitarbeiter stark in die Aktion zu involvieren, waren sie der „Absender" der Teilnehmerkommunikation. Zum Start wurden alle 1 000 Tankstellenleiter angeschrieben, über die Kampagne informiert und gebeten, ihr Team anzumelden. Insgesamt meldeten sich 700 Tankstellen an (die restlichen dienten damit automatisch als Kontrollgruppe für das Erfolgscontrolling).

Die Mitarbeiter einer Tankstelle wurden als Team gewertet; diese konnten als zusätzlichen Anreiz aber auch noch einen tankstelleninternen Wettbewerb durchführen.

Wertungskriterien:

▶ Was zählte, war die Steigerung des monatlichen Durchschnittsabsatzes gegenüber dem Vorjahr. In jedem Außendienstgebiet wurde auf Basis der Steigerungswerte eine Rangliste gebildet.

▶ Unter allen erfolgreichen Einsendungen der monatlichen Fragebogen wurden Prämien verlost.

Eingesetzte Prämien:

▶ Die 300 bestplatzierten Teams erhielten eine große Überraschungsbox, aus der sie 50 verschiedene Sachprämien „fördern" konnten (CDs, Bücher, Spiele, Mützen, Schals, Kappen, Musikanlagen und weiterer Nippes).

▶ Jeden Monat wurden 100 Sachpreise unter allen Qualifikationsteilnehmern verlost.

Eingesetzte Kommunikationsmaßnahmen:

Als Kick-off-Kommunikation erhielten die Teams eine Aktionsbroschüre in Form eines Öl-Newsletters mit Regeln, Prämien und den ersten Infos des Qualifikationsprogramms (Kundenansprache, Verkaufsargumente, Gesprächsaufhänger, Produktdetails und kundentypgerechte Produktargumente).

Pro Tankstelle gab es zudem farbige Öl-Verkaufsaufkleber für ein Aktionsposter im Rahmen des internen Wettbewerbs.

Monatlich wurden Gewinnerlisten sowie eine Ausgabe des Öl-Newsletters an die Teilnehmer verschickt. In den allgemeinen Tankstellenmedien wurden Fachartikel mit Bezug auf die jeweils aktuelle Lerneinheit veröffentlicht.

KAPITEL 9 – DATENFLUSS

Das Thema Datenfluss ist bei der Durchführung von Verkaufswettbewerben von ganz elementarer Bedeutung und – obwohl unsere Zeit von digitalen Datenflüssen geprägten ist – oft noch mit erheblichen Herausforderungen verbunden. Im Zusammenhang mit Verkaufswettbewerben müssen häufig Daten aus zwei ganz unterschiedlichen Bereichen zusammengeführt werden: zum einen die Teilnehmerdaten und zum anderen die Umsatzdaten. Das hört sich zunächst einfach an, aber sehr oft stoßen Unternehmen hierbei in der Planung des Wettbewerbs auf schier unüberwindliche Hindernisse. Deshalb ist es sehr wichtig, bereits bei der Konzeption eines Wettbewerbs die jeweils gegebenen Datenstrukturen zu berücksichtigen.

❗ PRAXISTIPP:

Um typische Probleme bereits im Vorwege zu vermeiden bzw. zu lösen, sollte der Incentive-Geber in der Planungsphase die nachfolgenden Fragen in puncto Datenmanagement für sich beantworten:

▶ Wo im Unternehmen fallen die mit dem Verkaufswettbewerb zusammenhängenden Daten – dazu zählen Umsätze, abverkaufte Teile, generierte Kundenkontakte etc. – an?

▶ Werden diese Daten in einer zentralen Datenbank gesammelt oder müssen verschiedene Datenquellen zu einer zusammengeführt werden?

▶ In welchen Zeitintervallen fallen die mit dem Wettbewerb zusammenhängenden Daten an?

▶ Sind die Namen/Adressen der Teilnehmer bekannt oder müssen diese zum Beginn des Wettbewerbs erst ermittelt werden?

▶ Können die Verkaufszahlen auf den einzelnen Teilnehmer heruntergebrochen werden?

▶ Nach welchen Hierarchiestufen (z. B. Außendienst, Regionalleiter, Vertriebsdirektor) können die Daten zusammengefasst werden?

Die wichtigsten Antworten in diesem Zusammenhang werden auf den nachfolgenden Seiten vorgestellt, wobei es in jedem Unternehmen darüber hinaus erfahrungsgemäß noch individuelle Gegebenheiten zu berücksichtigen gilt.

9.1 Wo im Unternehmen fallen die mit dem Verkaufswettbewerb zusammenhängenden Daten an?

Diese Frage klingt zunächst einfach, ihre Beantwortung erweist sich aber erfahrungsgemäß in der Praxis häufig als recht komplex. Viele Unternehmen haben nur einen sehr ungenügenden Überblick, wo die Daten ihrer Wettbewerbsteilnehmer vorgehalten werden und aus welchen Datenbanken sie in der Folge zu extrahieren sind. Im Zuge der kompletten Digitalisierung von Geschäftsprozessen arbeiten die meisten Unternehmen heutzutage mit komplexen Datenbanksystemen, wobei diese zwischen verschiedenen Unternehmensbereichen – von der Buchhaltung und dem Controlling über den Verkauf, den Einkauf und die Produktion bis hin zur Lagerhaltung und dem Personalwesen – durchaus variieren können. In manchen Bereichen haben sich eigenentwickelte Lösungen als am praktikabelsten erwiesen, in anderen Bereichen sind es Standardlösungen von SAP, wiederum andere setzen auf eine Mixtur aus beiden Varianten.

Ein weiteres ebenfalls oft auftretendes Problem ist der Umstand, dass in vielen Unternehmen die Verkaufsdaten – beispielsweise von Zubehörprodukten – in zwei verschiedenen Datenbanken erfasst werden und ein Vergleich der beiden Datenquellen unterschiedliche Endergebnisse zutage fördert, die Daten also nicht identisch sind. Manchmal sind auch gar nicht alle Daten im Zugriff des Incentive-Gebers – zum Beispiel bei Wettbewerben für Verkäufer im Großhandel. In all diesen Fällen gilt es, vor dem Start des Wettbewerbs dem Datenursprung auf den Grund zu gehen, um genau zu wissen, mit welchen Daten man später im wahrsten Sinne des Wortes rechnen kann.

Und selbst wenn die Fragen nach den Quellen der gespeicherten Daten noch eindeutig geklärt werden können, kann es bei der Zusammenführung der Daten zu Problemen kommen. Dieses Phänomen tritt erfahrungsgemäß meist dann auf, wenn unterschiedliche Datenbanksysteme genutzt werden, die nicht direkt miteinander kompatibel sind. Die sich daraus ergebende Schnittstellenproblematik führt dann dazu, dass sich die Daten aus dem einen System nicht in das andere System importieren lassen, zumindest nicht innerhalb der vorgegebenen Datenbankwelt. Die Lösung kann hier manchmal einfach in einem Export der jeweiligen Daten liegen, und der mit der Durchführung beauftragte Dienstleister verarbeitet diese dann in einem eigenen System weiter.

9.2 In welchen Zeitintervallen fallen die Daten an?

Für den Verlauf eines Wettbewerbs und die dahinterstehende Bewertungssystematik sind die Zeitintervalle, in denen relevante Daten generiert werden, von entscheidender Bedeutung. Denn vom Zeitpunkt der jeweiligen Datenveröffentlichung bzw. den Zeitabständen zwischen den Veröffentlichungen hängt es ab, wie oft und vor allem wie zeitnah Zwischenstände kommuniziert werden können. Der von der internen Berichts- bzw. Datenbanksystematik vorgegebene Rhythmus für die Wettbewerbskommunikation bestimmt, wie zügig eventuell notwendige zusätzliche Motivationsmaßnahmen eingeleitet werden können. Je nach Branche bzw. Unternehmensbereich kann es hier ganz unterschiedliche Berichtstaktungen geben – in manchen Bereichen ist ein täglicher Report unabdingbar, während in anderen Umfeldern ein monatlicher oder quartalsweiser Bericht vollkommen ausreichend ist.

Das Timing bei der Ergebniskommunikation ist aber ein entscheidender Punkt für den späteren Erfolg des Wettbewerbs, denn nur durch ein zeitnahes Feedback zur aktuellen Leistung lässt sich die individuelle Performance der einzelnen Teilnehmer verändern. Es gibt ihnen das Gefühl, dass ihr Engagement auch im Wettbewerbsverlauf registriert wird und nicht erst am Ende gewürdigt wird. So macht es beispielsweise wenig Sinn, einen sechsmonatigen Wettbewerb zu starten und die Verkaufsergebnisse der Teilnehmer erst jeweils mit dreimonatigem Verzug vorliegen zu haben. In so einem Fall würde die Kommunikation viel zu spät erfolgen. Aus diesem Grunde sollten die internen Berichtsabläufe samt den dahinterstehenden Timings vor der Entscheidung für einen Wettbewerb sehr genau unter die Lupe genommen werden, da sie wichtige Rahmenfaktoren für den zu wählenden Wettbewerbstyp und die dazugehörige Bewertungssystematik sowie die Kommunikationsstrategie darstellen. Besonders komplex wird es bei einem Verkaufswettbewerb mit mehreren involvierten Datenquellen und den oben bereits angeführten unterschiedlichen Berichtsrhythmen – in solchen Fällen muss man sich für die Wettbewerbskommunikation im Zweifelsfall am längsten Intervall orientieren oder sinnvolle Zwischenwertungen samt Kommunikation auf Basis der kürzeren Reportings entwickeln.

9.3 Sind die Daten der Teilnehmer bekannt oder müssen diese zum Beginn ermittelt werden?

Entscheidend bei einem Wettkampf ist, dass die darin involvierten Teilnehmer bekannt sind. Nur wenn man weiß, wer ins Rennen geht, kann man die Performance jedes Teilnehmers genau beobachten und dann am Ende den oder die Sieger küren. Aus diesem Grunde ist eine entsprechende Teilnehmer-Registrierung eine unabdingbare Voraussetzung für die Durchführung eines Verkaufswettbewerbs. Dazu müssen die potenziellen Teilnehmer zunächst als solche identifiziert und auf den Wettbewerb aufmerksam gemacht werden. Im Idealfall ist einem Incentive-Geber der potenzielle Teilnehmerkreis persönlich bekannt, weil es sich um seine Mitarbeiter oder Geschäftspartner handelt und er ihre Stammdaten entsprechend gespeichert hat. In diesem Fall müssen die teilnehmenden Händler, Verkäufer oder Außendienstmitarbeiter lediglich angeschrieben oder angesprochen werden und um die entsprechende Anmeldung für die Teilnahme gebeten werden. Die Registrierung kann beispielsweise durch ein Log-in auf einer eigens eingerichteten Website für den Wettbewerb erfolgen.

Sind einem Incentive-Geber die potenziellen Teilnehmer nicht persönlich bekannt – beispielsweise weil es sich um einen Wettbewerb für die Verkäufer seiner Fachhandelspartner handelt –, gibt es zwei Lösungsmöglichkeiten. Entweder man bittet den Geschäftsführer des Fachhändlers, die URL der Wettbewerbs-Website unter seinen Verkäufern zu kommunizieren, damit diese sich dort zur Teilnahme anmelden. Die eingegangenen Registrierungsdaten werden dann vom Außendienst zu Sicherheit verifiziert. Oder der Geschäftsführer übernimmt die Anmeldung seiner Verkäufer selbst bzw. übermittelt deren Daten an den Incentive-Geber für die weitere Wettbewerbskommunikation. Wie eingangs bereits erwähnt, muss der Geschäftsführer auf Händlerseite ohnehin in das Anmeldeprozedere des Wettbewerbs miteingebunden werden und so lässt sich die Kontaktaufnahme gleich praktisch nutzen – zumal gerade Wettbewerbsskeptiker sich damit noch stärker involviert fühlen und so mögliche Vorbehalte leichter abbauen.

Abbildung 9.1   Wie kommen bekannte Teilnehmer ins Wettbewerbssystem?

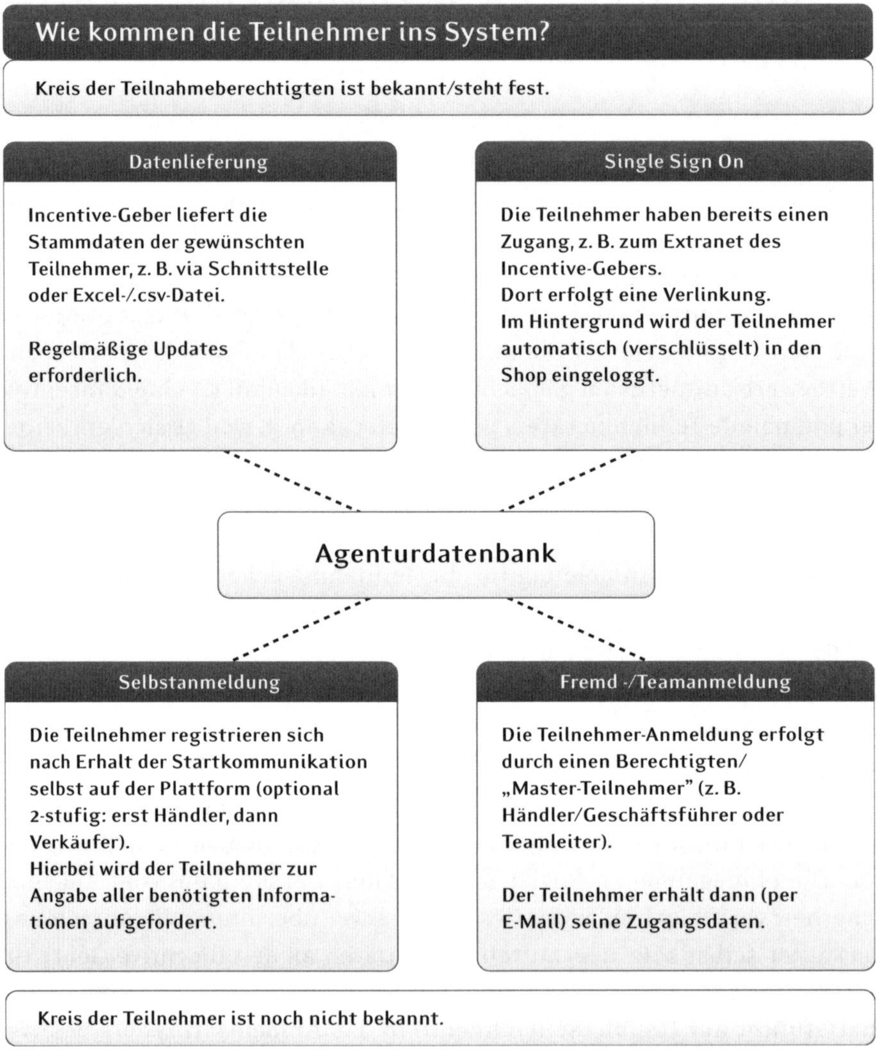

Wie kommen die Teilnehmer ins System?

Kreis der Teilnahmeberechtigten ist bekannt/steht fest.

Datenlieferung

Incentive-Geber liefert die Stammdaten der gewünschten Teilnehmer, z. B. via Schnittstelle oder Excel-/.csv-Datei.

Regelmäßige Updates erforderlich.

Single Sign On

Die Teilnehmer haben bereits einen Zugang, z. B. zum Extranet des Incentive-Gebers.
Dort erfolgt eine Verlinkung.
Im Hintergrund wird der Teilnehmer automatisch (verschlüsselt) in den Shop eingeloggt.

Agenturdatenbank

Selbstanmeldung

Die Teilnehmer registrieren sich nach Erhalt der Startkommunikation selbst auf der Plattform (optional 2-stufig: erst Händler, dann Verkäufer).
Hierbei wird der Teilnehmer zur Angabe aller benötigten Informationen aufgefordert.

Fremd-/Teamanmeldung

Die Teilnehmer-Anmeldung erfolgt durch einen Berechtigten/ „Master-Teilnehmer" (z. B. Händler/Geschäftsführer oder Teamleiter).

Der Teilnehmer erhält dann (per E-Mail) seine Zugangsdaten.

Kreis der Teilnehmer ist noch nicht bekannt.

9.4 Können die Verkaufszahlen auf den einzelnen Teilnehmer heruntergebrochen werden?

Damit am Ende des Wettbewerbs der Sieger unter den Teilnehmern ermittelt werden kann, müssen die Verkaufserfolge jedem Einzelnen eindeutig zugeordnet werden können. In den Fällen, wo ein Unternehmen zur Erfassung der Absatzdaten auf entsprechende Datenbanken – online oder offline – setzt, können diese als Grundlage für die Bewertung genutzt werden.

Allerdings tritt in vielen Unternehmen die Problematik auf, dass sich die erzielten Verkaufserfolge nicht direkt zuordnen lassen, beispielsweise bei Verkäufern im Fachhandel oder oft auch bei Gebrauchtwagen- oder Zubehörverkäufern im Autohaus. In diesen Fällen gibt es zwei Lösungsmöglichkeiten:

▶ Selbstmeldung: Wenn dem Unternehmen zwar die Verkaufszahlen sowie die dazugehörigen Seriennummern der Produkte oder deren Anzahl vorliegen und nur die Zuordnung zu den einzelnen Verkäufern beim Händler fehlt, ist die sogenannte Selbstmeldung eine gute Lösung. Hierbei melden oder erfassen die Verkäufer ihre getätigten Verkäufe online, indem sie beispielsweise über ein entsprechendes Interface auf der Wettbewerbs-Website die dazugehörigen Serien- oder Vertragsnummern samt verkaufter Stückzahl und ihrem Namen eingeben. Wichtig ist, dass eines der eingegebenen Kriterien auch in der Datenbank des Unternehmens vorliegt, damit anschließend ein entsprechender Abgleich erfolgen kann. Über die an beiden Stellen vorliegende identische Information – z. B. die Seriennummer – lassen sich dann die Verkäufer mit den verkauften Produkten matchen. Zusätzlich kann die Freigabe z. B. durch den Außendienst erfolgen und dann die Punkte dem Verkäufer für die Wettbewerbswertung gutgeschrieben werden. Wenn die Produkte keine Seriennummer oder Ähnliches haben, kann der Abgleich auch schlicht über die reinverkaufte und (gemeldete) rausverkaufte Menge erfolgen.

▶ Gutscheine oder Codes: Eine Alternative zu der eben beschriebenen Selbstmeldung ist die Verwendung von eindeutigen Codes. Diese werden von dem Unternehmen auf den zu verkaufenden Produkten/Packungen angebracht. Nach dem Verkauf eines solchen Produkts kann sich der jeweilige Verkäufer dann auf der wettbewerbseigenen Website einloggen und dort den Code des verkauften Produkts eingeben. Anschließend werden ihm die entsprechenden Punkte dafür direkt in seinem Online-Konto gutgeschrieben.

Abbildung 9.2 Wie lassen sich die Punkte/Leistungen ermitteln?

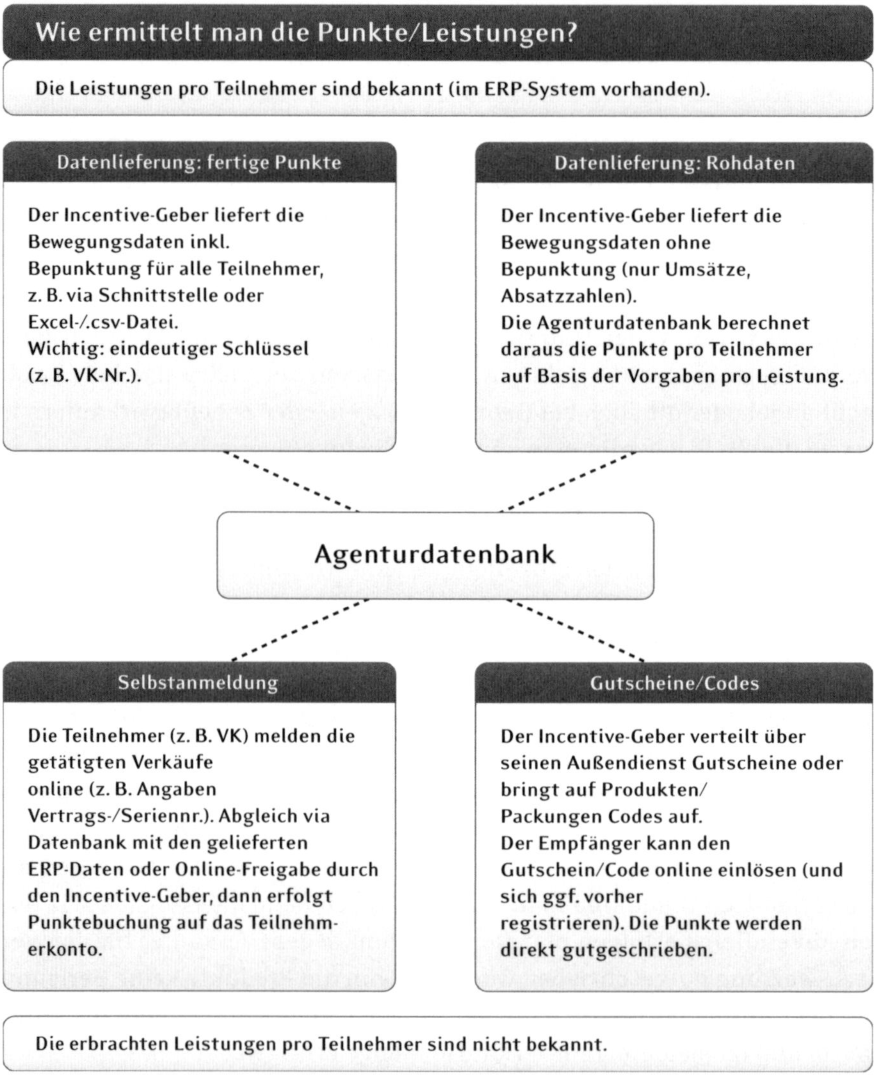

Wie ermittelt man die Punkte/Leistungen?

Die Leistungen pro Teilnehmer sind bekannt (im ERP-System vorhanden).

Datenlieferung: fertige Punkte

Der Incentive-Geber liefert die Bewegungsdaten inkl. Bepunktung für alle Teilnehmer, z. B. via Schnittstelle oder Excel-/.csv-Datei.
Wichtig: eindeutiger Schlüssel (z. B. VK-Nr.).

Datenlieferung: Rohdaten

Der Incentive-Geber liefert die Bewegungsdaten ohne Bepunktung (nur Umsätze, Absatzzahlen).
Die Agenturdatenbank berechnet daraus die Punkte pro Teilnehmer auf Basis der Vorgaben pro Leistung.

Agenturdatenbank

Selbstanmeldung

Die Teilnehmer (z. B. VK) melden die getätigten Verkäufe online (z. B. Angaben Vertrags-/Seriennr.). Abgleich via Datenbank mit den gelieferten ERP-Daten oder Online-Freigabe durch den Incentive-Geber, dann erfolgt Punktebuchung auf das Teilnehmerkonto.

Gutscheine/Codes

Der Incentive-Geber verteilt über seinen Außendienst Gutscheine oder bringt auf Produkten/ Packungen Codes auf.
Der Empfänger kann den Gutschein/Code online einlösen (und sich ggf. vorher registrieren). Die Punkte werden direkt gutgeschrieben.

Die erbrachten Leistungen pro Teilnehmer sind nicht bekannt.

Hier noch ein praktisches Beispiel für die Umsetzung: Ein Hersteller von kosmetischen Produkten, die über Apotheken vertrieben werden, führt einen Wettbewerb für die PTAs (Pharmazeutische Assistenten/innen) durch. Für den Verkauf der Produkte sollen die PTAs Punkte erhalten. Da der Hersteller nur Kenntnis davon hat, wie viele Produkte die Apotheke insgesamt abgenommen hat, muss die einzelne PTA auf der Aktionswebsite erfassen, welches Produkt sie in welcher Menge verkauft hat. Dies erfolgt mittels einer sehr einfachen Eingabemaske. Nach der Eingabe wird in der hinter der Website liegenden Datenbank ein Abgleich (Einkauf versus Abverkauf) gefahren. Passt das Ergebnis, werden der PTA die Punkte gutgeschrieben. Gibt es eine Differenz – beispielsweise wurden mehr Produkte verkauft, als ursprünglich eingekauft wurden –, geht eine Meldung an den zuständigen Außendienstmitarbeiter, der den Fall prüft und online entsprechend weiterbearbeiten kann.

9.5   In welchen Hierarchien können die Daten zusammengefasst werden?

Aus verschiedenen Gründen ist es äußerst sinnvoll, die Teilnehmer- und Verkaufsdaten mit Informationen der Vertriebsstruktur des jeweiligen Unternehmens anzureichern. So lassen sich die Ergebnisse der Teilnehmer nach Abschluss des Wettbewerbs auch den für sie zuständigen Außendienstlern, Vertriebsleitern und Regionen zuordnen – und je nach Wettbewerbssystematik kann dann beispielsweise der jeweilige Anteil am Gesamterfolg ermittelt werden. Auch bei Teamwettbewerben ist es hilfreich, wenn man die Daten aus verschiedenen Bereichen für die Endauswertung zusammenfassen und trotzdem noch genau sehen kann, wer welchen Part dazu beigetragen hat – sowohl auf Personen- als auch auf Abteilungsebene.

Managertool

Moderne Websites für Verkaufswettbewerbe haben sogenannte „Manager-Tools". Das sind spezielle Bereiche, auf die sich die verschiedenen Hierarchien einer Vertriebsorganisation rechtegesteuert einloggen können und Reportings aus ihrem Gebiet/ihrer Region auslesen und downloaden können. Dies ist ein ideales Tool für die aktive Teilnehmeransprache durch den Außendienst bzw. bei unternehmensinternen Wettbewerben für die Regional- bzw. Vertriebsleiter.

9.6 Datenermittlung für das Erfolgscontrolling

Bei Datenflüssen im Zusammenhang mit Verkaufswettbewerben sind aber nicht nur die aktuellen Zahlen von Interesse, sondern auch Vergleichszahlen aus der Vergangenheit. Diese liegen normalerweise im Rahmen des internen Berichtswesens vor. Mithilfe der Vorjahresdaten lassen sich beispielsweise komplexere Analysen durchführen oder sie können als Grundlage für das Bewertungssystem genutzt werden - z. B. wenn die Zielsetzung des Wettbewerbs darin besteht, die Verkaufszahlen aus dem Vorjahr um 15 Prozent zu übertreffen. In diesem Fall werden die aktuellen wie auch die Zahlen der Vergangenheit benötigt. Hilfreich sind zum anderen auch ergänzende Daten zur generellen Marktentwicklung. So lassen sich dann Zielwerte oder Planzahlen je Teilnehmer festlegen und später für die Auswertung des Wettbewerbs und das Erfolgscontrolling der Maßnahme heranziehen.

KAPITEL 10 – ERFOLGSCONTROLLING

10.1 Warum Wettbewerbscontrolling?

Das Controlling von Incentive-Wettbewerben ist nicht nur betriebswirtschaftlich sinnvoll, sondern auch aus strategischen Gründen empfehlenswert. Eine Erfolgsmessung gibt nicht nur die kurzfristigen Erfolge und den ROI (Return on Investment) einer solchen Incentive-Maßnahme wieder, sondern lässt sich auch im Sinne des nachhaltigen Erfolgs nutzen.

Abbildung 10.1 Warum Wettbewerbscontrolling?

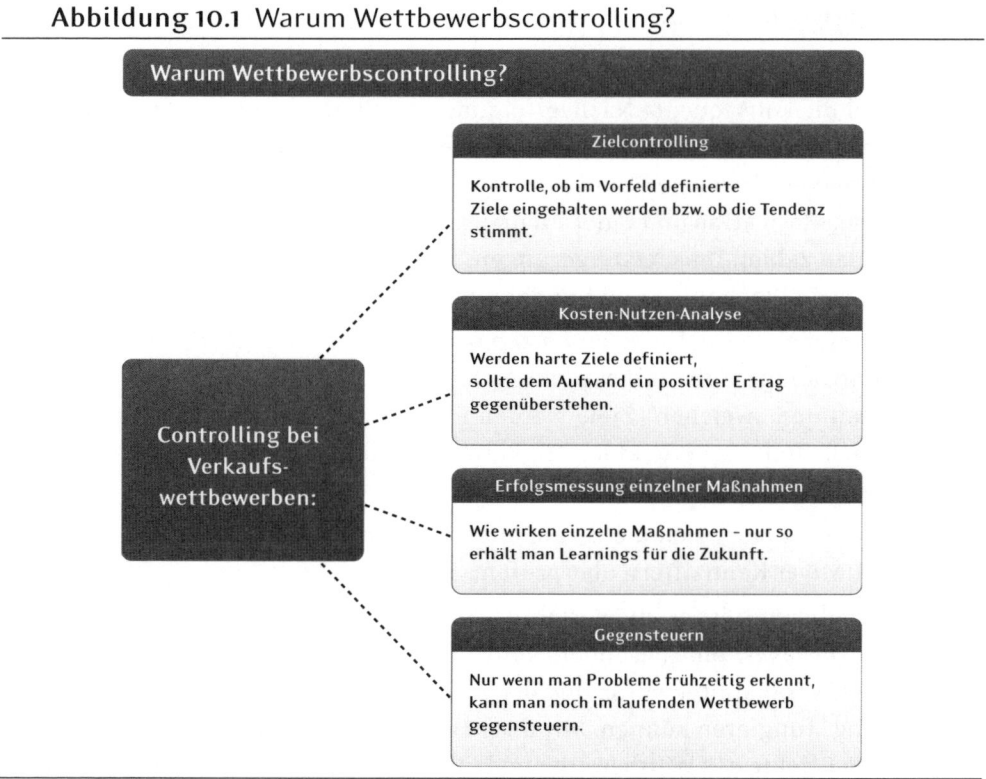

Warum Wettbewerbscontrolling?

Controlling bei Verkaufswettbewerben:

Zielcontrolling
Kontrolle, ob im Vorfeld definierte Ziele eingehalten werden bzw. ob die Tendenz stimmt.

Kosten-Nutzen-Analyse
Werden harte Ziele definiert, sollte dem Aufwand ein positiver Ertrag gegenüberstehen.

Erfolgsmessung einzelner Maßnahmen
Wie wirken einzelne Maßnahmen – nur so erhält man Learnings für die Zukunft.

Gegensteuern
Nur wenn man Probleme frühzeitig erkennt, kann man noch im laufenden Wettbewerb gegensteuern.

Generell lassen sich mithilfe von Controlling-Maßnahmen ganz unterschiedliche Aspekte im Zusammenhang mit Verkaufswettbewerben messen: So kann mittels Zielcontrolling überprüft werden, ob die im Vorfeld definierten Ziele eingehalten werden bzw. ob die Tendenz stimmt. Mit einer Kosten-Nutzen-Analyse lässt sich checken, ob dem Aufwand auch ein positiver Ertrag in Form der erreichten harten Ziele gegenübersteht. Die Erfolgsmessung einzelner Aktionen zeigt, welche Maßnahmen am besten wirken – so können auch gleich Learnings für die Zukunft gezogen werden. Zu guter Letzt ermöglicht eine kontinuierliche Kontrolle das frühzeitige Erkennen und Beheben von Problemen im laufenden Wettbewerb.

Für ein erfolgreiches Controlling müssen allerdings die gewünschten Ziele vor dem Start des Wettbewerbs präzise definiert werden, denn nur dann lässt sich ihre Erreichung auch genau nachverfolgen. Sind die konkreten Zielsetzungen avisiert, muss der dazu passende Controlling-Ansatz für die Erfolgsmessung ausgewählt werden. Auf den kommenden Seiten werden verschiedene Ansätze vorgestellt und anhand von konkreten Fallbeispielen die Einsatzmöglichkeiten und die damit jeweils erzielbaren Effekte deutlich gemacht.

Controlling harter und weicher Ziele

Ein ausschlaggebender Punkt für den langfristigen Erfolg eines Verkaufswettbewerbs ist die konsequente Nachverfolgung und Kontrolle der gesetzten Ziele. In den meisten Fällen bestehen die Anforderungen an einen Verkaufswettbewerb aus den beschriebenen „weichen" und „harten" Zielen. Typische weiche Ziele sind Kommunikation, Motivation und Emotionalisierung der Geschäftsbeziehungen; zu den harten Zielen zählen Umsatzsteigerungen, Sicherung von Absatzpotenzialen oder Erreichung von Planzahlen und Kundenbindung.

Das Erreichen der definierten harten oder weichen Ziele wird im Rahmen des Erfolgscontrollings anhand bestimmter Kriterien bewertet. Für das Controlling der sogenannten „weichen" Ziele werden eher qualitative Kriterien wie Teilnehmerfeedback, Teilnehmerquoten, Klickraten auf aktionsverbundene Web-Anwendungen oder Einlösequoten von Prämienpunkten herangezogen.

Im Gegenzug lässt sich die Erreichung der „harten" Ziele mithilfe verschiedener quantitativer Kennziffern überprüfen:

▶ Eine Möglichkeit ist es, die Vorjahreszahlen als Vergleichsgröße heranzuziehen. Dieses ist eine besonders sinnvolle Variante, wenn im Vorjahr kein Incentive veranstaltet wurde und die Vorjahreszahlen damit quasi als „Null-Messung" fungieren können. Mit ihrer Hilfe können dann die motivationssteigernden Effekte des Wettbewerbs im laufenden Jahr sichtbar gemacht werden.

Für ein unverfälschtes Ergebnis sollten allerdings generelle Markteffekte zuvor herausgerechnet werden.

▶ Eine andere Option sind die Planzahlen, die vom Unternehmen allgemein zur Zielkontrolle eingesetzt werden – dabei muss dann allerdings die Zielerreichung auf Basis der Planzahlen von Anfang an im Fokus der eingesetzten Incentive-Maßnahme stehen.

▶ Die dritte Möglichkeit ist die Kombination aus Vergangenheits- und Planzahlen. So wird die betrachtete Zeitachse verlängert und die Effekte können sowohl in der Rückbetrachtung als auch im Ausblick analysiert werden.

▶ Als vierte Variante kommt auch ein Vergleich von verschiedenen Gruppen in Frage. Voraussetzung dafür ist die Aufteilung in homogene und vergleichbare Test- und Kontrollgruppen in Form von Teilnehmern und Nicht-Teilnehmern. Eine Gegenüberstellung der Ergebnisse, die in den beiden Gruppen erzielt wurden, macht die Incentive-Wirkung besonders gut sichtbar – vorausgesetzt, der Wettbewerb funktioniert in der geplanten Form!

10.2 Controlling-Instrumente

Generell befasst sich das Controlling in einem Unternehmen mit der Konzeption und dem Betrieb von qualitativen und quantitativen Steuerungsinstrumenten, mit deren Hilfe betriebliche Prozesse überwacht werden können, um – wenn notwendig – optimierend in den Geschäftsverlauf eingreifen zu können. Dieser Bedarf besteht auch im Zusammenhang mit Verkaufswettbewerben: Es gilt, die hier stattfindenden Prozesse zu überwachen und gegebenenfalls rechtzeitig einzugreifen.

Um hier ein praxisorientiertes Controlling zu ermöglichen, hat die Sales- und Relationshipmarketing-Agentur Quasar Communications auf Basis ihrer Erfahrungen drei Controlling-Instrumente zur nachhaltigen und validen Abbildung der Zielerreichung und der damit verbundenen Effekte im Rahmen von Verkaufswettbewerben entwickelt:

▶ **Future Plan:** Hochrechnung auf Basis der Absatz-Entwicklung mit Zielkontrolle,
▶ **Comparison Matrix:** Analyse der Vorjahres-, Plan- und Ist-Daten,
▶ **Group Effects:** Durchführung einer dynamischen Vergleichsgruppenbetrachtung.

Diese drei Systeme können vom Kunden parallel zum laufenden Wettbewerb implementiert werden und garantieren eine unmittelbare Erfolgskontrolle. Die zeitnahe Erkenntnis über die Wirkung der eingesetzten Maßnahmen ermöglicht bei Bedarf eine entsprechende Gegensteuerung bzw. Optimierung. So kann sichergestellt werden, dass Aufwand und Ertrag eines Incentive-Wettbewerbs im richtigen Verhältnis stehen und eingangs gesetzte Ziele auch erreicht werden. Beides sichert nicht nur den Wettbewerbserfolg, sondern langfristig auch den Vorsprung vor den Wettbewerbern.

Die drei Controlling-Instrumente von Quasar sind bereits bei Kunden aus den verschiedensten Branchen erfolgreich zum Einsatz gekommen. Die Kundenbeispiele belegen, dass sich durch den kontrollierten Einsatz von Verkaufswettbewerben und Incentives die Vertriebsperformance nachhaltig steigern lässt, indem alle Effekte laufend überprüft und bei Bedarf Optimierungsmaßnahmen eingeleitet werden. Die Beispiele auf den nachfolgenden Seiten zeigen, wie durch den Einsatz der Controlling-Instrumente das jeweilige Unternehmensziel erreicht werden konnte – und der Wettbewerb nicht nur den Teilnehmern Spaß machte und Mehrleistung erzeugte, sondern auch aufseiten der Vertriebsbilanz für Freude sorgte.

Future Plan

Wie der Name der Controlling-Maßnahme schon nahelegt, steht beim Future Plan die zukünftige Entwicklung im Vordergrund. Mithilfe einer Hochrechnung wird während des laufenden Wettbewerbs regelmäßig überprüft, ob sich die Leistungsentwicklungen im Rahmen des definierten Zielkorridors bewegen. Grundlage für die Erfolgskontrolle bildet die aktuelle Absatz-Entwicklung in Verbindung mit dem definierten Ziel.

Beispiel Future Plan

Wie das im konkreten Fall aussehen kann, zeigt das Einsatzbeispiel dieses Instruments bei einem Mineralöl-Konzern: Ziel des Kunden aus der Mineralöl-Branche war es, den Absatz seines vollsynthetischen Premium-Öls zu steigern. Dabei gab es zwei harte Zielsetzungen: zum einen die Erreichung einer geplanten Umsatzsteigerung in Höhe von 10 Prozent auf Basis der Vorjahreszahlen, zum anderen die Kosten-Nutzen-Analyse des Incentives.

Als Lösung wurde ein einjähriger Verkaufswettbewerb für rund 900 Autohaus- und Werkstattbesitzer konzipiert, bei dem die 80 besten Teilnehmer eine exklusive Incentive-Reise gewinnen konnten. Die Wertung sah dabei vor, dass jeder Teilnehmer pro gekauften Liter Öl einen Punkt erhält – und sobald die Abnahmemenge aus dem Vorjahr übertroffen wurde, zwei Punkte. Als Gewinnvoraussetzung wurde eine Mindestabnahme wie im Vorjahr zugrunde gelegt.

Mithilfe des Future Plans wurde quartalsweise eine Hochrechnung der Abnahmemenge je Teilnehmer durchgeführt und auf die Gesamtmenge bezogen. So konnte frühzeitig festgestellt werden, dass die Steigerungsraten im ersten Quartal noch zu niedrig lagen, und durch entsprechende Maßnahmen gegengesteuert werden. Neben einer Überprüfung der geplanten Umsatzsteigerung auf Basis der Vorjahreszahlen wurde im Rahmen des Future Plans zudem eine Kosten-Nutzen-Analyse des Incentives durchgeführt.

Abbildung 10.2 Beispiel Future Plan, Darstellung Entwicklung der Zielerreichung

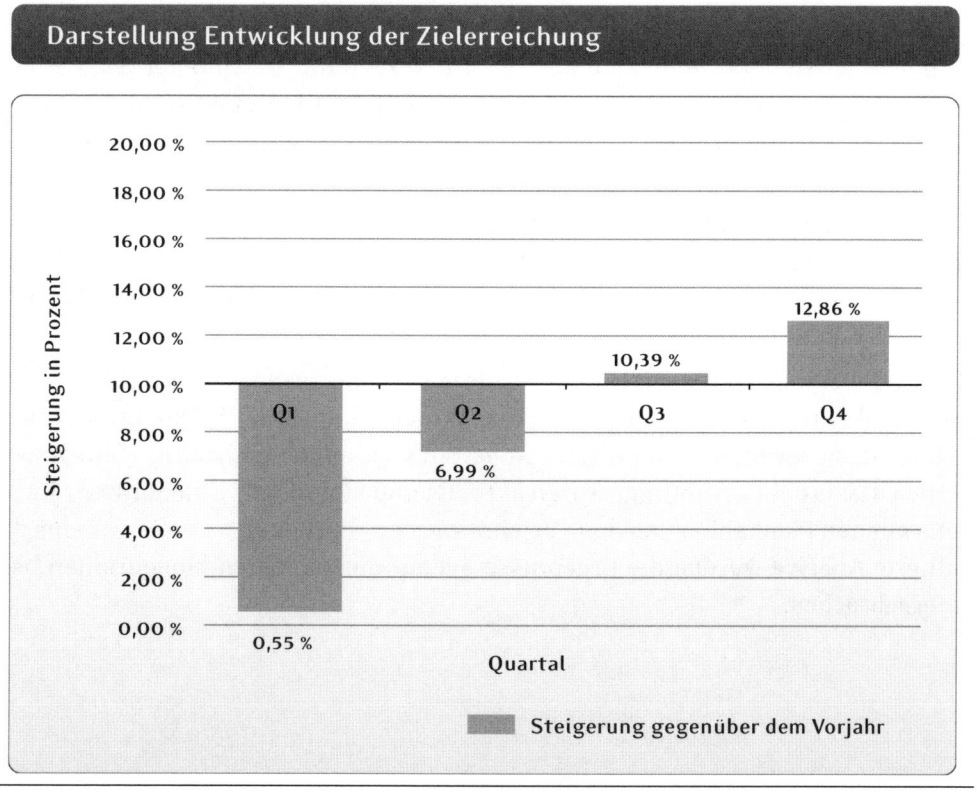

Mithilfe des maßgeschneiderten Verkaufswettbewerbs konnten in diesem Fall über eine Million Euro zusätzlicher Ertrag erwirtschaftet werden und das Ziel der Steigerung des Absatzes um 10 Prozent wurde mit einem Zuwachs um 12,86 Prozent sogar noch übertroffen.

Comparison Matrix

Die Comparison Matrix stellt im Rahmen einer Matrix die Vorjahres-, Plan- und Ist-Daten nebeneinander und ermöglicht so eine entsprechende Analyse. Der direkte Vergleich der Performance in der Vergangenheit, Gegenwart und Zukunft gibt einen klaren Aufschluss über die aktuelle Situation und lässt so frühzeitig erkennen, ob der gesteckte Zielkorridor verlassen wird.

Beispiel Comparison Matrix

Als Beispiel dient in diesem Fall die Incentive-Maßnahme eines europäischen Automobilherstellers: Sein Ziel war es, die Verbauung bestimmter Sonderausstattungspakete zu steigern, das heißt, das harte Ziel lautete: Übertreffung der Planzahlen um fünf Prozent.

Zu diesem Zweck wurde ein ausgeklügeltes Bonussystem – bestehend aus einem Prämienkatalog, Website und Mailings – für die 1 200 Verkäufer entwickelt. Pro verkauftem, wettbewerbsrelevantem Sonderausstattungspaket erhielten die Teilnehmer eine definierte Punktzahl. Die Punkte konnten auf der Website in hochwertige Sachprämien eingetauscht werden.

Ab dem ersten Wettbewerbsmonat wurde ein umfassendes Controlling durchgeführt, das im Jahresverlauf monatlich aktualisiert wurde. So konnten aktuelle Tendenzen sowie positive und negative Entwicklungen frühzeitig identifiziert werden. Basis des Controllings waren aktuelle und kumulierte Einbauraten, die jeweils mit den Planzahlen und den Vorjahreswerten verglichen wurden. Für eine detaillierte Analyse wurden die Ergebnisse bis auf die einzelnen Modellreihen heruntergebrochen.

Abbildung 10.3 Beispiel Comparison Matrix, Einbauraten vs. Plan und Vorjahr

	Item 1	Item 2	Item 3	Item 4	Item 5	Item 6	Item 7
EBR akt. Monat	36,79 %	33,73 %	22,58 %	33,96 %	12,73 %	15,29 %	9,50 %
EBR kumuliert	33,63 %	25,65 %	21,15 %	28,51 %	11,23 %	12,92 %	8,00 %
EBR Plan 09	26,67 %	21,57 %	25,35 %	25,76 %	13,05 %	7,00 %	5,00 %
EBR 08	24,95 %	20,10 %	22,52 %	22,97 %	11,68 %	4,02 %	0,35 %
Diff. zu Plan	6,96 %	4,08 %	-4,19 %	2,75 %	-1,81 %	5,92 %	3,00 %
Diff. zu 08	8,68 %	5,56 %	-1,37 %	5,54 %	-0,45 %	8,90 %	7,65 %

Abbildung 10.4 Beispiel Comparison Matrix, Einbauraten im Jahresverlauf

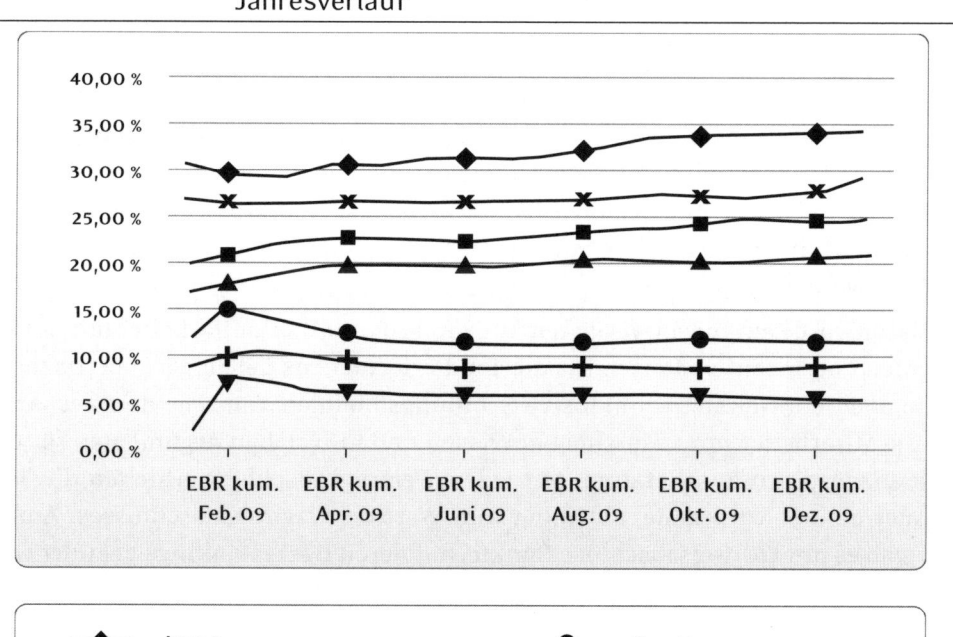

Durch das regelmäßige Controlling konnte frühzeitig festgestellt werden, dass bei zwei Zubehörkomponenten das definierte Ziel kaum erreicht werden würde – zur Gegensteuerung wurden Sonderwertungen implementiert, die zu signifikanten Steigerungen führten. Das Ziel bei den betreffenden Komponenten wurde zwar nicht ganz erreicht, aber die ursprüngliche Zieldifferenz konnte deutlich reduziert werden. Mit einer durchschnittlichen Zuwachsrate von fast 6 Prozent über alle Modellreihen und Zubehörpakete wurde das Gesamtziel mehr als erreicht.

Group Effects

Beim Controlling auf Basis von sogenannten Group Effects erfolgt eine dynamische Vergleichsgruppen-Betrachtung, bei der zuvor definierte Effekte innerhalb von zwei verschiedenen Zielgruppen gemessen werden. Dabei fungiert eine Gruppe als sogenannte Kontrollgruppe; ihre Teilnehmer arbeiten unter den normalen Rahmenbedingungen – also ohne Incentive – wie bisher und erhalten keine Belohnungen für das Erreichen von Zielen. Die Teilnehmer in der sogenannten Testgruppe erhalten bestimmte Incentives beim Erreichen der definierten Zielsetzungen.

Beispiel

Der konkrete Einsatz des Group Effects Controllings wird nachfolgend am Beispiel eines Finanzdienstleisters gezeigt. Dessen Zielsetzung war es, erhöhte Vertragsabschlüsse für Bausparverträge zu erreichen. Konkret sollte in der Testgruppe mithilfe von Incentive-Maßnahmen eine Steigerungsrate von 10 Prozent erreicht werden.

Dafür wurde ein Incentive-System für rund 10 000 Bankmitarbeiter mit Sofortprämien und Incentive-Reisen für die Top-Performer ins Leben gerufen. Dazu gehörte auch ein Newsletter inklusive Schulungsmodulen zum Thema Bausparen, um die Mitarbeiter mit zusätzlichem Wissen und hilfreichen Argumenten für das Verkaufsgespräch auszustatten. Mit jedem Vertragsabschluss erhielten die Teilnehmer eine Sofortprämie, abhängig vom Wert des Vertragsabschlusses. Außerdem gab es pro Vertragsabschluss Punkte, auf deren Basis Rankings gebildet wurden.

Abbildung 10.5 Beispiel Group Effects, Entwicklung Vertragsabschlüsse

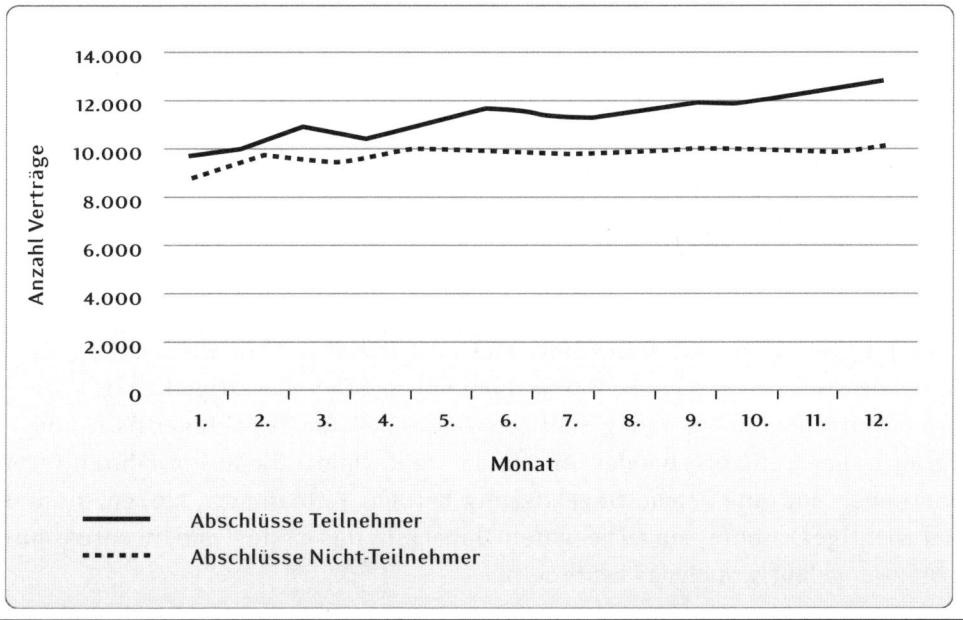

Entwicklung Vertragsabschlüsse im Wettbewerbszeitraum

Für die Erfolgsmessung wurden die Ergebnisse der teilnehmenden Mitarbeiter mit der nicht an dem Incentive teilnehmenden Kontrollgruppe verglichen. Das Controlling zeigte schon nach kurzer Zeit, dass bei den Teilnehmern eine deutliche Steigerung der Vertragsabschlüsse festzustellen war. Die einjährige Laufzeit des Incentive-Programms ergab, dass die Teilnehmer bei den Vertragsabschlüssen eine Steigerung von über 13 Prozent realisiert hatten, die Nichtteilnehmer hingegen nur von 3 Prozent, was auch der allgemeinen Marktentwicklung entsprach. Dieser Effekt belegte eindrucksvoll die mit dem Incentive-Wettbewerb erreichte Stimulanz unter den Mitarbeitern.

KAPITEL 11 – WIE SOLL DIE INCENTIVIERUNG AUSSEHEN?

11.1 Zielgruppenspezifische Belohnung – nicht jedes Incentive passt für jeden

Im Idealfall sollten die Teilnehmer eines Wettbewerbs beim Blick auf die zu gewinnenden Incentives sagen: „Das will ich haben!" Eine derartige Reaktion zeigt, dass die angebotene Auswahl genau den Geschmack der Teilnehmer trifft und damit auch einen entsprechenden Anreiz darstellt. Damit die ausgewählten Incentivierungen auf eine solche Begeisterung bei den Teilnehmern stoßen, sind ein paar wichtige Grundregeln zu beachten. Dabei gilt: Das exklusivste Incentive muss nicht zwangsläufig auch das beste sein!

Für die richtige Auswahl der Incentives ist ein Blick auf die Zielgruppe unerlässlich, denn die richtige Prämierung hängt maßgeblich von deren Soziodemografie und den damit einhergehenden Bedürfnisstrukturen ab. Bei Nichtbeachtung kann es ansonsten passieren, dass man den Teilnehmern mit der falschen Prämierung alles andere als eine Freude bereitet und damit auch der Motivationsfaktor des Incentive-Wettbewerbs schnell verpufft. Als erste grobe Faustformel kann wie folgt vorgegangen werden: Für Zielgruppen aus dem oberen Einkommenssegment liegt man eher mit einer Incentive-Reise richtig, Teilnehmern aus dem mittleren bis unteren Einkommensbereich kann man meist bereits mit kleinen, gut gewählten Sachprämien oder Gutscheinen eine große Freude machen.

Daher sollte ein Incentive-Geber die potenziellen Gewinner genau unter die Lupe nehmen und dabei folgende Fragen beantworten: Was sind das für Menschen? Wofür interessieren sie sich? Was ist für sie von Bedeutung: Geld, Zeit, Prestige? Welche Erwartungshaltung haben sie, zum Beispiel aufgrund vergangener Incentives? Pauschale Lösungen gibt es nicht. Die Prämie muss eindeutig auf den Empfänger zugeschnitten sein; dann kann auch ein kleiner Preis große Wirkung zeigen. Immaterielle Gewinne können unter Umständen „wertvoller" sein als teure Preise und eine Team-Prämie, die die Mannschaft selbst aussucht und gemeinsam genießt, kann motivierender sein als ein „schniekes" Betriebsfest.

Marktforschungsergebnisse aus der Praxis

Abbildung 11.1   Die beliebtesten Prämien in der Automobilbranche

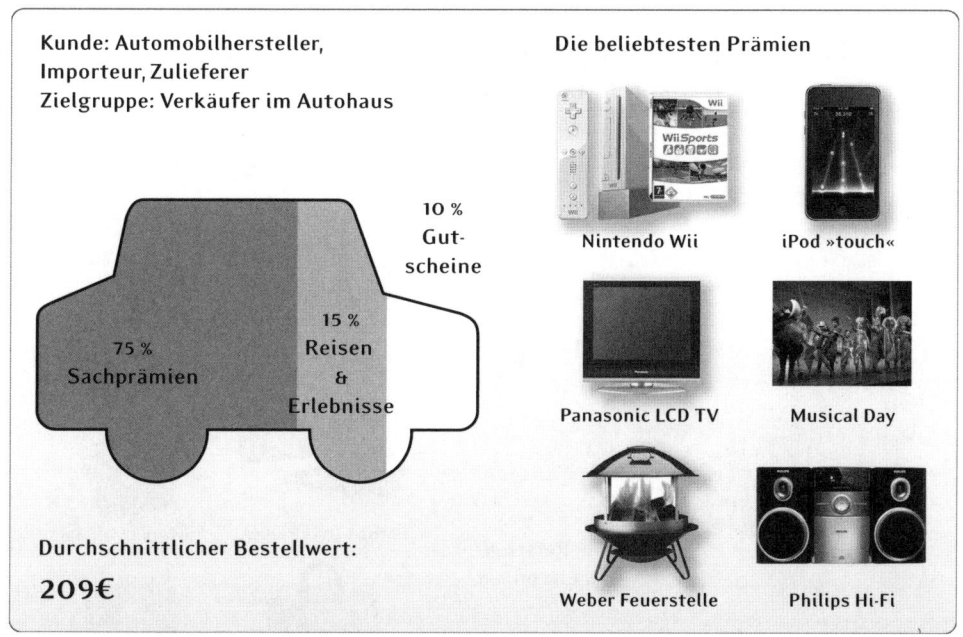

Nicht jede Prämie passt auch zu jeder Zielgruppe – daher ist das Wissen über die jeweiligen Vorlieben und Wünsche ein ausschlaggebender Faktor für den Erfolg der eingesetzten Prämienwelt. Um hier für mehr Transparenz zu sorgen, hat die Prämien- und Gutschein-Unit der Wiesbadener Agenturgruppe Quasar Communications im Jahr 2009 eine umfassende Analyse ihrer bestehenden Prämienprogramme durchgeführt. Als Full-Service-Prämiendienstleister und Fullfillmentpartner von Bonusprogrammen und Incentive-Systemen hat Quasar allein im Auswertungsjahr über 370 000 Prämien- und Gutscheinbestellungen für Kunden aus den unterschiedlichsten Branchen abgewickelt und dabei gleichzeitig rund 57 Projekte mit etwa 1,1 Millionen Teilnehmern betreut. Auf dieser Basis konnten die Bedürfnisse von verschiedenen Zielgruppen praxisnah in Bezug auf die optimale

Zusammensetzung der Prämiengenres, die beliebtesten Prämien sowie den durchschnittlichen Bestellwert umfassend untersucht werden.

Die Resultate zeigen deutliche Branchen-Unterschiede: So ist in der Automobilbranche mit der Zielgruppe „Verkäufer im Autohaus" eine Prämienzusammensetzung von 75 Prozent Sachprämien, 15 Prozent Reisen & Erlebnisse und 10 Prozent Gutscheinen anzutreffen. Der durchschnittliche Bestellwert liegt bei 209 Euro und die beliebtesten Prämien sind Spielkonsolen, MP3- Player, Flachbildfernseher und Musical-Veranstaltungen.

Abbildung 11.2 Die beliebtesten Prämien in der Branche
Banken & Bausparen

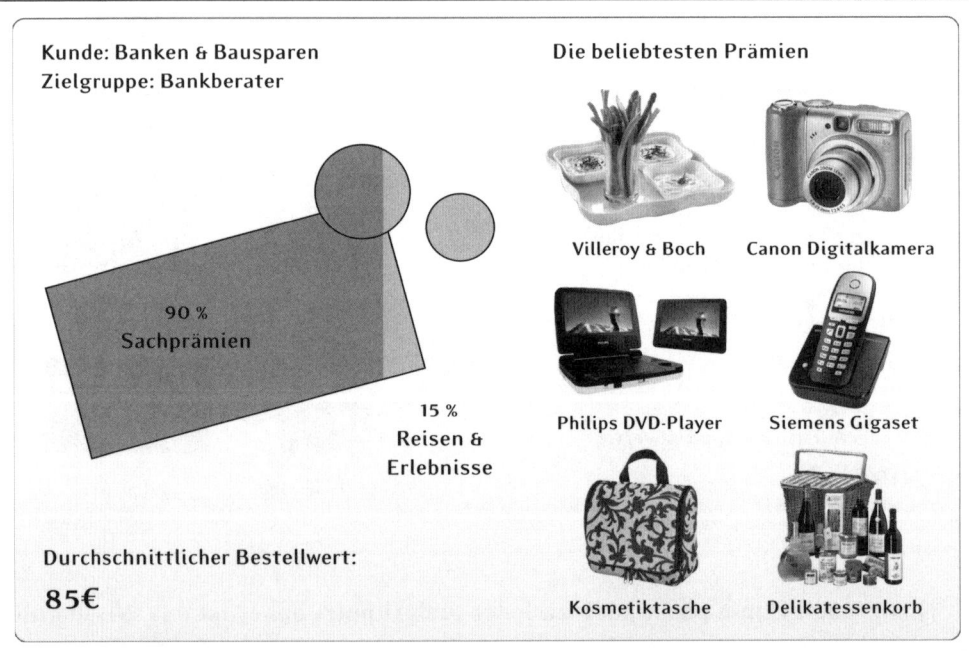

In der Branche Banken & Bausparen mit der Zielgruppe „Bankberater" zeigt sich eine ganz andere Verteilung bei den Prämiengenres: Hier entfallen 90 Prozent auf Sachprämien und 10 Prozent auf Reisen & Erlebnisse – entsprechend liegt der durchschnittliche Bestellwert hier bei 85 Euro. Unter den Top-Prämien der Bankberater rangieren Porzellan, Digitalkameras, tragbare DVD-Player sowie schnurlose Telefone.

11.2 Die Prämienarten

Die Bandbreite der möglichen Incentives für einen Wettbewerb ist ausgesprochen vielseitig – sowohl in puncto der Prämienarten als auch in Bezug auf die damit verbundenen Kosten. In Abhängigkeit von der Zielgruppe, dem vorhandenen Budget und den Zielsetzungen des Wettbewerbs hat ein Incentive-Geber damit buchstäblich die Qual der Wahl. Die nachfolgende Kurzvorstellung der vorhandenen Prämienarten und der damit verbundenen Vorteile soll einen ersten Überblick und Hilfestellung bei der Auswahl geben.

Incentive-Reisen

Incentive-Reisen sind die aufwendigste Prämienart und mit den höchsten Kosten pro Gewinner verbunden. Daher sind sie auch nur für einen begrenzten Teilnehmerkreis einsetzbar – wobei diese notwendige Selektion sie umso begehrter macht! Den vergleichsweise hohen Investitionen steht allerdings auch ein entsprechender Wirkungseffekt gegenüber: Es gibt kaum eine Prämie mit einer so hohen emotionalen Aufladung und einem derartig hohen Erinnerungswert.

Gute Incentive-Reisen sind wie gute Geschichten – man möchte einfach nicht, dass sie zu Ende gehen. Um diesen Effekt zu erzielen, brauchen sie einen roten Faden, der sich auf Basis der Unternehmens- bzw. Markenwerte als Spannungsbogen durch den gesamten Reiseverlauf zieht und sie so unverwechselbar macht. Gleichzeitig bieten sie den idealen Rahmen, um einen persönlichen Kontakt zu den teilnehmenden Kunden oder Mitarbeitern aufzubauen bzw. die bereits vorhandene Bindung zu vertiefen. Die dabei entstehende Emotionalität ist der unschätzbare Vorteil – vor allem aufgrund der zunehmenden „Ent-Emotionalisierung" der Geschäftsbeziehungen im immer hektischer werdenden Arbeitsalltag. Eine Incentive-Reise kann diesem Entfremdungseffekt wirkungsvoll entgegenwirken und die Beziehungen zu Kunden und Mitarbeitern wiederbeleben und dauerhaft festigen.

Darüber hinaus ist eine Incentive-Reise eine sehr gute Gelegenheit, um die Unternehmensmarke des Incentive-Gebers emotional aufzuladen. Jede Location, jedes Restaurant, einfach alle Bestandteile sind auf die Markenwerte des Unternehmens abzustimmen. Die während der Reise stattfindenden Events können z. B. durch ein ausgeklügeltes Event-Design die Corporate Identity aufgreifen und so die Marke eindrucksvoll inszenieren. Dies stärkt die Bindung der Incentive-Reisenden zusätzlich, weil es sie stolz macht, für dieses einzigartige Unternehmen tätig zu sein.

Sachprämien

Sachprämien bieten sowohl inhaltlich als auch finanziell die größte Bandbreite für den Incentive-Geber. Aufgrund der vielfältigen Möglichkeiten in diesem Segment lässt sich ihre Auswahl sehr gut an das verfügbare Budget anpassen. Gleichzeitig kann mit Sachprämien eine breite Interessenspalette abgedeckt werden; von Unterhaltung über Wellness & Beauty, Technik & Multimedia bis zu Schmuck & Uhren sind die unterschiedlichsten Produktkategorien denkbar. Damit eignen sich Sachprämien im Prinzip für alle nur vorstellbaren Zielgruppenstrukturen - entscheidend für ihren Erfolg ist die zielgruppenspezifische Auswahl!

Darüber hinaus kann durch einen vom Incentive-Geber zusammengestellten Prämienkatalog für die erfolgreichen Teilnehmer eine Wunsch- und Wahlfreiheit bei der Prämienauswahl angeboten werden - sprich: Jeder Teilnehmer kann sich aus dem verfügbaren Prämienangebot selber die Prämie aussuchen, die ihm am besten gefällt. Damit lässt sich der Motivationsanreiz deutlich steigern. Denn den meisten Menschen wohnt ein heimlicher Sammlertrieb inne, der sich durch eine solche Prämienauswahl hervorragend bedienen lässt. Erfahrungsgemäß suchen sich die meisten Teilnehmer bei Punktesammelwettbewerben zu Beginn eine Wunschprämie aus, für die sie dann gezielt Punkte sammeln. Haben sie die notwendigen Punkte schließlich erarbeitet und die Prämie erhalten, symbolisiert diese als erfolgreich ergatterte Trophäe die erfolgreiche Wettkampfteilnahme. Und die positiven Nebeneffekte: Die - möglicherweise noch gebrandete - Sachprämie steht beim Teilnehmer zu Hause und der Wettkampf bleibt als Weg zur Wunscherfüllung noch lange in Erinnerung!

Ein weiterer Vorteil von den preislich gut skalierbaren Sachprämien ist, dass sich jeder Teilnehmer entsprechend seiner individuellen Leistung als Gewinner fühlen kann und keiner ausgeschlossen wird. Dieser Umstand macht Sachprämien zum idealen Incentive für offene Wettbewerbssysteme.

Erlebnisprämien

Ähnlich wie bei den Sachprämien gibt es auch bei den Erlebnisprämien ein nahezu unbegrenztes Angebot - allerdings sind die Einstiegskosten hier höher anzusetzen als bei den Sachprämien. Mittlerweile haben sich von Jochen Schweitzer über MyDays eine ganze Reihe von Anbietern erfolgreich in diesem Segment etabliert, sodass es kein Problem ist, versierte und erfahrene Dienstleister zu finden. Dabei sind Erlebnisse aufgrund ihres außerordentlichen Eventcharakters ein ganz besonderes Incentive – die Angebotspalette deckt inzwischen die ausgefallensten Aktivitäten ab, sodass auch die geheimsten Wünsche der Teilnehmer erfüllt werden können.

Eine Wahlfreiheit ist auch bei den Erlebnissen möglich, das heißt, die punktesammelnden Teilnehmer können sich nach dem Wettbewerb ihr Wunsch-Erlebnis (Fallschirmsprung, Formel 1-Boliden-Fahrt oder Ähnliches) aussuchen und sich selbst schenken bzw. verschenken. Gerade Letzteres ist jedoch bei diesen Erlebnissen öfter der Fall, wie Teilnehmerumfragen ergeben haben. Dementsprechend bieten sich Erlebnisse bei Einzelwettkämpfen weniger als einzige Prämiensorte an, vielmehr ist die Kombination mit Sachprämien empfehlenswert. Bei Teamwettbewerben sieht das Ganze anders aus: Hier lässt sich mit Erlebnissen der bereits während des Wettbewerbs praktizierte Teamgeist durch das Gemeinschaftserlebnis weiter stärken – nachdem die Teilnehmer gemeinsam für den Gewinn gekämpft haben, können sie ihn mit einem entsprechenden Erlebnis (z. B. einem Bowlingabend) auch gemeinsam feiern. Die damit erzielten Effekte sind deutlich nachhaltiger als beispielsweise eine Kaffeemaschine für den gemeinsamen Pausenraum.

In diesem Zusammenhang noch eine Anmerkung zu der bereits eingangs erwähnten Untersuchung der beliebtesten Prämien: Erstaunlicherweise sind Erlebnisse, die neben Sachprämien in Katalogen angeboten werden, nicht wirklich beliebt und machen mit unter fünf Prozent nur einen sehr kleinen Anteil aller Bestellungen über alle Zielgruppen und Branchen aus.

Universalgutscheine

Das Verschenken von Gutscheinen ist nicht nur die einfachste, sondern auch die effektivste Art, anderen Menschen eine Freude zu bereiten oder ihnen für besondere Leistungen Anerkennung zu zeigen. Die Nennwerte lassen sich dabei flexibel und nach den Bedürfnissen des Incentive-Gebers skalieren. Dabei sind Gutscheine deutlich eleganter als eine Bargeldauszahlung, wobei sie dem Beschenkten trotzdem die Möglichkeit geben, sich einen ganz individuellen Wunsch eigenständig zu erfüllen. Darüber hinaus eignen sich Gutscheine auch zum Sammeln, sodass der Beschenkte gezielt auf die Erfüllung eines größeren Wunsches hinarbeiten kann.

Gutscheine sind ein ausgesprochen flexibles und vielseitig einzusetzendes Incentive:

▶ als Belohnung für den großartigen Einsatz der Mitarbeiter,
▶ als Anreiz für Außendienstler,
▶ als Dankeschön für die Zusammenarbeit mit Partnern,
▶ als Chance der Kundenbindung bei Beschwerden.

In der Regel ist der Gutschein ein aus Papier bestehender Beleg über einen bestimmten Wert, der in Sachwerte oder Dienstleistungen eingetauscht werden kann. Am gängigsten ist der sogenannte Universalgutschein, dessen besonderes Kennzeichen in den meisten Fällen die hohe Anzahl der einlösenden Stellen ist. In der Regel steht hinter den angebotenen Universalgutscheinen eine Vielzahl ganz unterschiedlicher Partner; von Shops über Kinos bis hin zu Reisebüros können hier die verschiedensten Dienstleister vertreten sein. Der Teilnehmer des Wettbewerbs kann seinen gewonnenen Gutschein dann bei dem jeweiligen Partner ganz einfach gegen die entsprechende Leistung bzw. das gewünschte Produkt umtauschen. Die Bandbreite der Partnerunternehmen stellt gleichzeitig sicher, dass die Gutscheine für ganz unterschiedliche Zielgruppen eingesetzt werden können, da sich mit ihrer Hilfe die unterschiedlichsten Bedürfnisse befriedigen lassen.

Darüber hinaus lassen sich viele Universalgutscheine auch noch individuell im Corporate Design des Incentive-Gebers gestalten oder mit seinem Logo versehen, sodass er dem Empfänger stets als Absender des Gutscheins präsent ist.

Gutscheinkarten/Shopping Cards

Neben Geschenkgutscheinen kommen immer mehr Gutscheinkarten wie beispielsweise die Ticket Compliments Shopping Card zum Einsatz. Die Gutscheinkarten funktionieren ähnlich wie eine EC-Karte und können innerhalb eines definierten Partner-Netzwerks zum Einkaufen genutzt werden. Viele Marktteilnehmer gehen davon aus, dass Gutscheinkarten mit EC-Funktionalität mittelfristig die Papiergutscheine ablösen werden, da sie dem zunehmend digitalisierten Kaufverhalten der Konsumenten Rechnung tragen.

Gutscheinkarten sind ein vielfältig einsetzbares Incentive: ob als Geschenk für Kunden und Geschäftspartner, als Motivation für den Vertrieb oder als Prämie zur Belohnung von Mitarbeitern. Sie bieten den Beschenkten eine große Wahlfreiheit für den bargeldlosen Einkauf gemäß den individuellen Bedürfnissen. Dabei können sie als unmittelbares Zahlungsmittel direkt bei den teilnehmenden Partnern vor Ort oder rund um die Uhr im Online-Shop eingesetzt werden. Kartenbesitzer können sich in diesem vielseitigen Einkaufsnetzwerk mithilfe ihres Kartenguthabens ihre ganz persönlichen Wünsche erfüllen. Bei den Gutscheinkarten wird zwischen der Einwegkarte und der wiederaufladbaren Gutscheinkarte unterschieden. Erstere wird von dem Incentive-Geber einmalig mit einem frei definierbaren Guthaben bestückt, das der Kartenempfänger dann ausgeben kann. Die wiederaufladbare Karte kann beliebig oft vom Incentive-Geber mit einem neuen Guthaben bestückt werden und kann so wahlweise in langfristig angelegten Wettbewerben oder als „Dauer-Incentive" für Wiederholungswettbewerbe eingesetzt werden.

Grundsätzlich gelten für alle Arten der Gutscheinkarten folgende Vorteile:

▶ einfaches Handling dank EC-Karten-Funktionalität,
▶ Begleichung von Gesamt- oder Teilbeträgen möglich,
▶ Abfrage des Kartenguthabens jederzeit im Internet oder telefonisch möglich,
▶ bei den Akzeptanzstellen vor Ort und im Internet einsetzbar,
▶ im individuellen Firmendesign lieferbar.

Damit sind die Gutscheinkarten ein sehr effektives Incentive, bei dem beide Seiten – Empfänger und Incentive-Geber – von der hohen Transparenz und der einfachen Handhabung profitieren.

Prepaid Cards

Wie eben bereits beschrieben, wird die Prepaid-Karte vom verschenkenden Unternehmen einmalig mit einem frei definierbaren Bargeldguthaben aufgeladen. Bei dieser Einwegvariante kann das Guthaben komplett bei den teilnehmenden Partnerunternehmen verbraucht werden; danach erlischt die Funktion der Karte. Die Prepaid Card wie auch die folgende Reloadable Prepaid Card ist in der Regel direkt vor Ort im Ladengeschäft oder im jeweiligen Online-Shop einsetzbar.

Reloadable Prepaid Cards

Die wiederaufladbare Gutscheinkarte kann mittels eines Online-Interfaces ähnlich wie der Chip auf einer Geldkarte immer wieder neu vom verschenkenden Unternehmen mit einem Guthaben bestückt werden, sodass diese zum festen Bestandteil der Brieftasche des Beschenkten wird und ihn immer wieder an den Incentive-Geber erinnert. Über die Website lässt sich bei Bedarf auch ein entsprechendes Reporting- und Auswertungstool für den Incentive-Geber installieren.

Downloads

Im Zusammenhang mit der zunehmenden Digitalisierung von Prämien kommt auch den Downloads von Prämien im Internet eine wachsende Bedeutung zu. Je jünger die Zielgruppen eines Wettbewerbs sind, desto interessanter werden Musik-, Video- oder Spiele-Downloads, und auch der Download von Büchern (sogenannte E-Books) wird in absehbarer Zeit dazugehören. Darüber hinaus haben aus dem Internet herunterladbare Prämien in Form von Text-, Audio- oder Video-Dateien einen weiteren Vorteil: Sie sind mit nur geringen finanziellen Aufwänden verbunden, da keine Versand-, Verpackungs- und Handlingkosten anfallen. Damit eignen sie sich auch sehr gut als Belohnung bei Wettbewerben, bei denen das Budget nur kleinpreisige Prämien zulässt. Und zu guter Letzt lassen sich diese Prämien aufgrund des inzwischen verfügbaren Angebots an herunterladbaren Datei-Genres sehr variabel und abwechslungsreich gestalten und damit den unterschiedlichsten Zielgruppenbedürfnissen anpassen.

Wünsch-Dir-was-Prämien

Hat eine Zielgruppe sehr spezielle oder individuelle Wünsche und Bedürfnisse, macht eine möglichst große Wunsch- und Wahlfreiheit bei der Prämienauswahl Sinn, da nur dann auch ein Motivationseffekt von den Incentives ausgeht. Möglich wird dies, wenn neben den Prämien im Prämienkatalog individuelle Prämienwünsche geäußert werden können. Die praktische Umsetzung kann dabei wie folgt realisiert werden: Die Wettbewerbsteilnehmer können in der Aktionszentrale anrufen und sich eine Prämie in der Höhe ihrer gesammelten Punkte wünschen – dazu muss es ein Bewertungssystem geben, bei dem jeder erreichte Punkt einem bestimmten Gegenwert in Euro entspricht. So kann sich jeder Teilnehmer abhängig von seinem Kontostand ausrechnen, über wie viel „Prämienbudget" er verfügt. Die Aktionszentrale nimmt die Wünsche auf, gleicht sie mit dem aktuellen Punktekonto ab und besorgt die entsprechenden Prämien. Bei der Äußerung unrealistischer Wünsche kann dann auch frühzeitig entsprechend gegengesteuert werden. Insgesamt haben die Teilnehmer bei diesem sehr individuellen Belohnungsansatz das Gefühl, dass ihre ganz persönliche Leistung auch wirklich individuell gewürdigt wird und sie es selber in der Hand haben, wie ihr Incentive aussieht – entsprechend motiviert gehen sie daher auch in den Wettbewerb!

Überraschungsbox

Eine Variante oder besser gesagt eine Mixtur der oben genannten Prämienformen ist die Überraschungsbox. Sie ist vor allem als Teamprämie interessant. In die Box werden dabei – je nach Teamgröße – 30 bis 50 Prämien gepackt; von CDs aus den aktuellen Charts über DVDs, kleinere Sachprämien (z. B. aus Reste-Shops) bis hin zu kleineren Elektroartikeln wie Mini-Hi-Fi-Anlagen, Bügeleisen etc. kann hier eine breite Produktpalette vertreten sein. Diese Überraschungsboxen sind insbesondere bei jüngeren Zielgruppen (Tankstellenteams, Teams in Mobilfunkshops oder Callcenter-Mitarbeitern) sehr beliebt.

Lotterielose

Als kleinpreisige (Zwischen-)Prämien, aber mit einem sehr hohen emotionalen Anreiz bieten sich Lotterielose (Aktion Mensch, Glücksspirale) oder der klassische Lottoschein an. Im Gegensatz zur gängigen Verlosung von Sachprämien - unter den besten 100 Teilnehmern werden z. B. elf iPhones verlost - kommt das Verschenken eines Lotterieloses viel besser an. Selbst die Übergabe des Loses wird schon als Wert an sich angesehen.

Der warme Händedruck

Diese Form der Prämie wird von vielen Incentive-Gebern zunächst belächelt, ist aber in ihrer Wirkung nicht zu unterschätzen. Bei dem „warmen Händedruck" geht es vor allem um die persönliche Würdigung der besten Teilnehmer - im Idealfall auch zusammen mit deren Lebenspartnern - durch die jeweils zuständigen Geschäftsführer oder Vorstände des Unternehmens. Dabei wird das persönliche „Shakehands" mit einem Event, beispielsweise einem Abendessen, einem Fußballspiel-Besuch in der VIP-Lounge oder einem außergewöhnlichen Konzertbesuch verbunden. Dies sorgt für einen signifikanten Motivationsschub! Dafür ist weniger der mit dem Event verbundene Luxus ausschlaggebend, sondern die schlichte Tatsache, dass diese Maßnahme vom Chef direkt ausgeht und durch seine Anwesenheit eine sehr persönliche Note erhält!

Zuzahlung

Bei der Zuzahlung handelt es sich nicht um eine konkrete Prämienart, sondern, wie der Name schon sagt, um die Möglichkeit, dass die Teilnehmer selber etwas zur Finanzierung ihrer Prämie beitragen können. Sprich: Wenn die Teilnehmer im Verlauf des Wettbewerbs nicht genügend Punkte für ihre Wunschprämie gesammelt haben, haben sie die Möglichkeit, den fehlenden Betrag dazuzuzahlen. Diese Option ist nicht unumstritten - Gegner dieser Maßnahmen sehen hier den Wettbewerbsanreiz schwinden: Warum soll sich ein Teilnehmer noch anstrengen, wenn er die fehlenden Punkte für die gewünschte Prämie einfach „erkaufen" kann? Diesem Effekt lässt sich aber mit zwei ganz einfachen Maßnahmen entgegenwirken: Entweder werden die Teilnehmer erst nach Ende des Wettbewerbs über die Zuzahlmöglichkeit informiert und dürfen dann erst den Fehlbetrag selber drauflegen. Oder die Teilnehmer müssen mindestens 80 Prozent des Punktewerts der Prämien in Form von Punkten ersammelt haben und dürfen nur die restlichen 20 Prozent selber zuzahlen.

Zuzahlungsmodelle gibt es auch bei Incentive-Reisen: Hier ist es möglich, dass der Gewinner die Reise für seinen Lebenspartner ganz oder teilweise dazukauft.

Insignien

Insignien zählen zu den wirkungsvollsten Prämienarten und sind damit aus fast keinem Verkaufswettbewerb wegzudenken. Das mag sich auf den ersten Blick profan anhören, die Praxiserfahrung stützt aber dieser Ansicht. Für Verkäufer haben Auszeichnungen wie Urkunden, (Wander-)Pokale, Anstecknadeln und Ähnliches eine hohe Bedeutung. Und zwar aus einem ganz einfachen Grund: Sie wollen ihre Erfolge für alle sichtbar zur Schau stellen! Dieser Hang zur Selbstdarstellung ist ein wichtiger Mechanismus bei der Motivation von Vertriebsorganisationen und lässt sich sehr gut in das Belohnungssystem integrieren.

Die gängigsten Insignien sind:

▶ Urkunden,
▶ Anstecknadeln (je nach Anzahl der Erfolge in Bronze, Silber, Gold und dann mit Brillanten pro Jahr),
▶ spezielle Visitenkarten,
▶ (Wander-)Pokale,
▶ gerahmte Gewinnerfotos,
▶ Schilder fürs Geschäftsgebäude,
▶ Pylonen für das Geschäftsgelände,
▶ spezielle Parkplätze für die Besten,
▶ VIP-Treatments auf Messen,
▶ VIP-Limousinen-Transfers auf Messen oder Events,
▶ Upgrades in Hotels oder auf Flügen,
▶ Füller, Kugelschreiber, Handys,
▶ zeitlich begrenzter Firmenwagen-Upgrade,
▶ Ehrentafel in/vor der Firmenzentrale.

Mehrwert-/Vorteilsprämien

Neben den gängigen Verkaufswettbewerben gibt es zudem immer wieder Projekte, die die Teilnehmer ebenfalls motivieren sollen, aber aufgrund von Budgetbeschränkungen weniger auf tatsächliche Prämien setzen können. Derartige Maßnahmen dienen vor allem dazu, eine emotionale Kommunikation mit dem Teilnehmer aufzubauen. In der Regel kommen solche Aktionen im B2C-Segment zum Einsatz und sind Bestandteil des Customer-Relationship-Managements. Statt direkt eine Prämie zu erhalten, haben die Kunden dabei die Möglichkeit, an einem sogenannten Mehrwert- oder Vorteilsprogramm teilzunehmen. Dieses bietet einer ausgewählten Zielgruppe in der Regel bestimmte Einkaufsvorteile (z. B. Rabatte auf bestimmte Produkte) oder Mehrwerte (z. B. in Form eines Upgrades im Hotel oder Flugzeug). Damit der Endkonsument in den Genuss dieser Vorteile kommt, muss er zunächst einen Kauf tätigen bzw. eine konkrete Dienstleistung in Anspruch nehmen, der/die dann im nächsten Schritt billiger oder durch eine Extraleistung ergänzt wird.

Ein anderes typisches Beispiel für ein Mehrwertprogramm ist das „Kunden-werben-Kunden"-Programm. Hierbei geht es darum, dass zufriedene Bestandskunden aufgrund ihrer Überzeugung weitere Konsumenten für das Produkt gewinnen und als Neukunden anwerben. Im Gegenzug erhalten sie von dem Produktanbieter eine Prämie als Dankeschön. Diese Variante stellt für beide Seiten – den Bestandskunden und den Anbieter - eine klassische Win-win-Situation dar, von der beide profitieren.

Aus Sicht des Incentive-Gebers können mit Mehrwert- oder Vorteilsprämien gleich mehrere Zielsetzungen auf einmal bei geringem Budgeteinsatz verfolgt werden: Die Kundenbindung an das Unternehmen wird aufgrund der gewährten Vorteile intensiviert und positiv aufgeladen, die Treue des Kunden zu den Produkten/Dienstleistungen des Unternehmens wird belohnt, es entsteht ein emotionaler Dialog mit der Zielgruppe und man erhält zudem wichtige Zusatzinformationen über die Kundenbedürfnisse - beispielsweise, welche der angebotenen Mehrwerte besonders attraktiv für sie sind.

11.3 Soll man die Prämien an der Marke ausrichten?

Generell gilt bei der Prämienauswahl: Der Wurm muss dem Fisch schmecken und nicht dem Angler! Mit anderen Worten: Natürlich sollten die Prämien oder Incentive-Reisen zu den Markenwelten des Incentive-Gebers passen, aber im Vordergrund bei der Prämienauswahl müssen die Zielgruppe und ihre Bedürfnisse stehen. Besteht die Teilnehmergruppe beispielsweise ausschließlich aus Männern, wären Handtaschen, Sonnenbrillen oder Dekorationsartikel ähnlich deplatziert wie bei einer reinen Frauengruppe Bohrhämmer, Rasenmäher oder Spaltäxte. Die Prämien sollen schließlich als zentraler Motivationsanreiz dienen, und der ist nur gegeben, wenn Empfänger und Prämie auch zusammenpassen.

Die Prämienwelt muss auch nicht zwingend zu der Produktwelt des Unternehmens passen, aber die Prämienqualität sollte zur Produktphilosophie des Incentive-Gebers passen. Sprich: Ein Unternehmen, das hochwertige Qualitätsprodukte vertreibt und seine Verkaufsargumentation entsprechend darauf aufbaut, sollte auch bei seiner Prämienauswahl für seinen Verkaufswettbewerb auf Qualität achten.

KAPITEL 12 – GESETZLICHE RAHMENBEDINGUNGEN – WAS IST ZU BEACHTEN?

Verkaufswettbewerbe und die dazugehörigen Incentives bewegen sich nicht im rechtsfreien Raum. Zu beachten sind u. a. die betriebliche Mitbestimmung, das Einkommensteuergesetz (EStG) und das Gesetz gegen unlauteren Wettbewerb (UWG) sowie natürlich auch das Strafgesetzbuch (StGB). Eine vorausschauende Planung unter Berücksichtigung aller rechtlichen Rahmenbedingungen kann so manchen Ärger im Nachhinein ersparen!

Ein Sachbuch wie dieses kann allerdings nur auf die generellen Stolpersteine in diesem Zusammenhang hinweisen, es kann keine rechtliche und fachliche Beratung durch einen Steuerberater oder Rechtsanwalt ersetzen – zumal sich auch die Rechtsprechung häufig verändert und man sich daher immer wieder auf den aktuellen Stand bringen muss. Ein Incentive-Geber sollte sich vor der Durchführung eines Wettbewerbs und der Auswahl der zu gewinnenden Incentives daher immer mit seiner Rechts- und Steuerabteilung sowie entsprechenden Fachanwälten beraten, um eine umfassende Berücksichtigung aller Besonderheiten für sein Unternehmen sicherzustellen.

Und dann sollte noch darauf geachtet werden, dass alle Rahmenbedingungen eines Verkaufswettbewerbs in einem Reglement zusammengefasst werden, welches die Teilnehmer per Unterschrift oder per Teilnahme bestätigen.

12.1 Versteuerung des geldwerten Vorteils

Grundsätzlich stellen alle Zuwendungen in Form von Sachprämien, Geld, Gutscheinen, Erlebnissen/Events sowie Reisen, die im B2B-Geschäft (z. B. im Rahmen von Verkaufswettbewerben) ausgespielt werden, einen geldwerten Vorteil und damit eine steuerpflichtige Einnahme für den Empfänger dar.

Der Begriff „geldwerter Vorteil" bedeutet, dass diese Zuwendungen aus Sicht des Finanzamts wie Lohn – also wie eine Gehaltserhöhung – behandelt werden und genauso versteuert werden müssen. Entsprechend fallen hierfür wie bei einer Gehaltszahlung Lohnsteuern sowie Sozialversicherungsbeiträge (Arbeitgeber- und Arbeitnehmeranteil) an!

Zur Frage, wer die Kosten für diese Versteuerung übernimmt, gibt es zurzeit drei mögliche Antworten.

1. **Der Empfänger (= Mitarbeiter, Händler, Verkäufer) übernimmt die Steuer- und Abgabenlast.**

In diesem Fall muss der Empfänger/Teilnehmer die zusätzlichen Steuern und Sozialabgaben für die Prämien/Incentives selbst tragen. Das heißt, der Incentive-Ausrichter sendet immer dann, wenn die Prämie „zugeflossen ist", Informationen in Form sogenannter Steuerbriefe an die zuständigen Lohnbuchhaltungen der Händler oder Abteilungen, von denen der Teilnehmer sein Gehalt bezieht. Die Abwicklung und der Versand der Steuerbriefe kann auch von der durchführenden Agentur im Kundenauftrag übernommen werden.

In diesen Steuerbriefen sind alle erhaltenen Prämien (Sachbezüge) mit deren steuerlich relevanten Werten aufgeführt, die der Teilnehmer im aktuellen, vorherigen Monat bezogen hat. Als steuerlich relevanter Wert ist bei Bargeld & Gutscheinen der Nennwert zu verstehen, bei Sachprämien und Reisen ist der „ortsübliche Abgabepreis" inkl. Mehrwertsteuer als steuerlich relevanter Wert definiert. Diese Werte werden dann in die nächste Gehaltsabrechnung des Teilnehmers miteingebunden.

Die Steuerbriefe sollten zeitnah – möglichst monatlich – versendet werden, da dies zum einen die Regelanforderung der Finanzbehörden ist, zum anderen aber der Effekt auf die Monats-Nettoauszahlung so für den Empfänger geringer gehalten wird als z. B. bei jährlicher Sammelabrechnung.

❗ PRAXISTIPP:

Wie funktioniert das?

Beispielrechnung:

▶ Ein Teilnehmer (TN), gesetzlich versichert (Gesamtsozialversicherungsbeitrag ca. 20 Prozent), kinderlos, Steuerklasse 1, verdient 3 000 Euro brutto monatlich (= 1 835,98 Euro netto).

▶ Er erhält in einem Monat zusätzlich eine Incentive-Prämie im Wert von 500 Euro.

- Auf seiner Lohnabrechnung werden diese 500 Euro dem Bruttogehalt hinzugerechnet. Anschließend wird der Gesamtbetrag von 3 500 Euro komplett versteuert und mit Sozialabgaben belegt.

- Vom rechnerischen Nettogehalt (2 074,45 Euro) wird dann vor Auszahlung der Wert der erhaltenen Prämie von 500 Euro wieder abgezogen; dem TN verbleiben somit netto 1 574,45 Euro Auszahlungsbetrag.

Das heißt, die Prämie im Wert von 500 Euro hat den TN 261,53 Euro „netto" (Steuern und Sozialabgaben) „gekostet". Und für seinen Arbeitgeber sind zusätzliche Sozialabgaben in Höhe von 96,63 Euro angefallen.

2. **Der Ausrichter des Wettbewerbs übernimmt die Versteuerung indirekt**, indem er die beim Empfänger entstehenden Kosten an dessen Arbeitgeber (z. B. Autohändler), von dem der Teilnehmer sein Gehalt bezieht, wieder erstattet.

In diesem Fall übernimmt im ersten Schritt der Arbeitgeber die Versteuerung der Prämien, sodass für den Teilnehmer/Prämienempfänger keine Mehrbelastungen entstehen – dies bezeichnet man in der Fachterminologie auch als sogenannte Nettolohnvereinbarung.

Der Ausrichter des Wettbewerbs erstattet wiederum dann alle für diese Versteuerungs-Übernahme entstandenen Mehrkosten an die Arbeitgeber (z. B. Autohändler) zurück, in der Regel als Marketingzuschuss in Höhe eines pauschalen Durchschnitts-Prozentsatzes auf den Prämienwert (bzw. gegen individuellen Nachweis auch höhere Kosten); bei eigenen Angestellten erfolgt diese Abrechnung direkt in der eigenen Lohnbuchhaltung.

Vorteil: Keine Belastung für den Teilnehmer, also höchste Motivation!

Nachteil: Diese Variante ist die mit Abstand teuerste Möglichkeit, da die Übernahme der Lohnsteuer- und Sozialabgabenlast durch einen „Dritten" einen erneuten geldwerten Vorteil beim Teilnehmer darstellt, der wiederum vom Dritten erstattet werden muss. Eine Gesamt-Steuer-und-Abgabenlast bezogen auf den Prämienwert in Höhe von 100 Prozent ist daher keine Seltenheit.

3. **Der Ausrichter übernimmt die Versteuerung pauschal nach § 37 b EStG.**

Seit 1.1.2007 gibt es die Möglichkeit, dass der Ausrichter den Wert aller im Wettbewerb ausgelobten Incentives pauschal (mit befreiender Wirkung für den Incentive-Empfänger) versteuert und diese Steuern an sein zuständiges Finanzamt abführt.

Auf den Gesamtprämienwert – Bemessungsgrundlage sind hier die tatsächlich entstandenen Aufwendungen (inkl. MwSt.), nicht der schwierig zu ermittelnde

„ortsübliche Abgabepreis" – wird dann ein Steuersatz von 30 Prozent (zzgl. Kirchensteuer und Soli, in Summe rund 34 bis 35 Prozent je nach Bundesland) erhoben.

Wichtig: Diese Regelung ist nur auf „Sachbezüge" anwendbar (Sachprämien, Erlebnisse, Reisen ...), *nicht* aber auf Geldprämien oder geldnahe Prämien wie Gutscheine mit Euro-Betrag, die bei einem Dritten eingelöst werden können; zudem gilt sie nur bis zu einer Maximal-Prämienhöhe pro Empfänger von 10.000 Euro pro Jahr und muss beim Ausrichter in einem Geschäftsjahr einheitlich für alle Incentives (zwei Gruppen: an Dritte oder eigene Mitarbeiter) durchgeführt werden.

Vorteil: Keinerlei Steuerbelastungen und administrative Aufwände mehr beim Teilnehmer und dessen Arbeitgeber.

Seit 1.1.2009 gilt folgende ergänzende Neuregelung für den § 37 b EStG: Pauschalbesteuerte Sachleistungen nach § 37 b EStG an Beschäftigte Dritter sind sozialversicherungsfrei!

Pauschalbesteuerte Sachleistungen nach § 37 b EStG an eigene Beschäftigte sowie an Beschäftigte verbundener Unternehmen sind weiter sozialversicherungspflichtig!

(Spezialfall: Übernimmt der Arbeitgeber den Arbeitnehmeranteil des Sozialversicherungsbeitrags, ist dies ein geldwerter Vorteil = lohnsteuerpflichtig.)

Diese Beispiele zeigen die Komplexität der im Zusammenhang mit dem geldwerten Vorteil zu berücksichtigenden Punkte, daher ist hier eine kompetente fachliche Beratung unabdingbar, da sich nur so die jeweiligen Besonderheiten eines Unternehmens korrekt berücksichtigen lassen.

12.2 Das Gesetz gegen unlauteren Wettbewerb (UWG)

Das Gesetz gegen unlauteren Wettbewerb (UWG) dient dazu, den Verbraucher, den Mitbewerber und sonstige Marktteilnehmer vor unlauteren geschäftlichen Handlungen zu schützen (vgl. § 1). Der Anwendungsbereich des UWG gilt auch für geschäftliche Handlungen in Form von Incentives.

Gewährt ein Hersteller einem Händler besondere Vorteile (z. B. Sach- oder Geld-prämien, Werbekostenzuschüsse etc.), um ihn zur Steigerung des Absatzes seiner Produkte zu veranlassen, ist dies zunächst einmal grundsätzlich zulässig. Incen-tives können aber auch z. B. gegen §§ 3, 4, 5 UWG verstoßen. Der Endkunde wird als Verbraucher durch das UWG u. a. davor geschützt, „über den Tisch gezogen" sprich: in die Irre geführt zu werden. Wenn ein Unternehmen einem Verkäufer ei-nes freien Händlers ein Incentive dafür anbietet, dass dieser sein Produkt bevor-zugt seinen Endkunden anbietet, dann kann das den Verkäufer in seiner unabhän-gigen Beraterfunktion beeinflussen, was wiederum zur Folge haben kann, dass der Kunde nicht mehr „unparteiisch" und objektiv beraten wird – und das kann zu ei-nem Verstoß gegen das UWG führen.

Möchte ein Unternehmen seinen eigenen Außendienst oder seinen exklusiven Handel incentivieren, ist das nicht per se rechtswidrig.

Ein Beispiel, bei dem die Rechtsprechung einen Wettbewerbsverstoß angenom-men hat (Urteil vom 20.04.2009, AZ: 6 U 48/08 [nicht rechtskräftig], Oberlandes-gericht Frankfurt am Main):

Touristische Leistungsträger (in diesem Beispiel eine Airline), die einen Ver-kaufswettbewerb für Reisebüros ausschreiben, müssen genau darauf achten, ob es sich bei der Aktion nicht um eine „wettbewerbswidrige, unsachliche Einflussnah-me auf die Beratungstätigkeit der Reisebüros gegenüber den dort Rat suchenden Kunden" handelt. Als solche hatte ein Gericht eine Aktion dieser Fluggesellschaft gesehen, bei dem diese Fluggesellschaft damit warb, dass die zehn besten Reisebü-ros, die innerhalb eines Aktionszeitraums die meisten Flüge auf die Kanaren ver-kauften, als Gewinn einen Einkaufsgutschein von 5 000 Euro erhielten. Zwar wis-se der Kunde, dass Reisebüros für den Verkauf von Reisen Provisionen bekämen, die je nach Leistungsträger unterschiedlich hoch seien. Er rechne jedoch nicht mit der massiven Einflussnahme auf die Reisebüros durch einen Verkaufswettbewerb, der „auf sportlichen Ehrgeiz" setze und damit die Kundeninteressen dem unter-ordne. Das Gericht betonte die Ratgeberfunktion der Reisebüros für den Kunden. Erlaubt sei zwar ein Provisionswettbewerb, unzulässig jedoch ein Verkaufswettbe-werb, der sich direkt an die Mitarbeiter im Reisebüro wende, sowie ein Wettbewerb, der die Reisebüros dazu anhalte, Sieger einer Aktion mit möglichst vielen Buchun-gen innerhalb eines Zeitraums zu werden.

Natürlich gilt stets der alte Grundsatz: „Wo kein Kläger, da auch kein Richter." Solange gegen solch eine Aktion von keinem Wettbewerber bzw. keiner Verbrau-cherschutzzentrale oder einer anderen nach dem UWG klagebefugten Organisa-tion vorgegangen wird, gibt es auch keine rechtliche bzw. gerichtliche Auseinan-dersetzung. Hier kommt es aber auch oftmals auf die Branche an, in der man sich bewegt. In manchen Branchen sind sich alle Marktteilnehmer einig. Sprich, dort hackt keine Krähe der anderen die Augen aus – keiner klagt also –, weil sie es vielleicht alle machen. Eine Garantie gibt es insoweit aber natürlich nicht. Manche Wettbewerber verstecken sich auch hinter Verbraucherschutzverbänden, die vorgeschickt werden, um wettbewerbsrechtliche Ansprüche geltend zu machen.

12.3 Das Strafgesetzbuch (StGB)

Nicht genug mit dem Gesetz gegen unlauteren Wettbewerb (UWG). Im ungünstigsten Fall kann ein Incentive auch gegen das Strafgesetzbuch (StGB) verstoßen und als strafrechtlich relevante Bestechung gewertet werden. Hier kommt es natürlich immer ganz auf den Einzelfall an.

Lange Rede, kurzer Sinn: Bevor man mit einem Incentive an den Markt geht, sollte man unbedingt alle relevanten Berater ins Boot holen und insbesondere rechtlich checken lassen, was geht und was nicht. Oftmals sind es nur kleine Details, die verändert werden müssen, um eine rechtmäßige Durchführung sicherzustellen.

12.4 Das Reglement

Alle Rahmenbedingungen eines Verkaufswettbewerbs sollten in ein ordentliches Reglement gepackt werden. Dieses sollte sich auf den Ausschreibungsunterlagen und auf eventuellen Websites wiederfinden.

Folgende Punkte sind üblicherweise in einem solchen Reglement abzubilden:

▶ Zeitraum der Maßnahme: Anfang und Ende des Wettbewerbs.
▶ Teilnahmeberechtigung: Wer darf am Wettbewerb teilnehmen und wer nicht?
▶ Bewertungssystem: Welches sind die Wertungskriterien (grob skizzieren) bzw. Produkte, die gewertet werden?
▶ Gruppeneinteilung: Auf welcher Basis erfolgt diese?
▶ Gewinner: Wer gewinnt bzw. wie viele Gewinnplätze gibt es?

- ▶ Gleichstand: Wie wird mit Punktegleichstand bzw. gleicher Ranglisten-Platzierung umgegangen? Welche Kriterien werden dann herangezogen?
- ▶ Gewinnvoraussetzungen: Welche Wertungskriterien (z. B. Mindestumsatz) müssen erfüllt sein, damit der Teilnehmer gewinnberechtigt ist? Die Teilnehmer müssen zum Zeitpunkt der Gewinnausschüttung bzw. zum Zeitpunkt der Incentive-Reise in einem ungekündigten Arbeits- bzw. Vertragsverhältnis zum Incentive-Geber bzw. dem jeweiligen Arbeitgeber stehen.
- ▶ Rechtsweg: Der Rechtsweg ist ausgeschlossen.
- ▶ Barauszahlung: Eine Barauszahlung der Gewinne ist nicht möglich.
- ▶ Übertrag des Gewinns: Eine Übertragung des Gewinns auf andere Personen ist nicht möglich.
- ▶ Geldwerter Vorteil: Es ist zu definieren, wer die Versteuerung des geldwerten Vorteils der ausgeschütteten Prämien übernimmt bzw. zu übernehmen hat.
- ▶ Zustimmung: Mit der Anmeldung zur bzw. mit der Teilnahme an der Aktion akzeptiert der Teilnehmer das Reglement.

❗ PRAXISTIPP:

Bitte lassen Sie das Reglement nicht nur von Juristen texten. Ein solches Regelwerk kann durchaus freundlich, höflich und ansprechend formuliert werden.

Kapitel 13 –
Die Agenturauswahl

13.1 Wie finde ich die richtige Agentur?

Mit der Auswahl einer Incentive-Agentur bindet man sich zwar nicht fürs Leben, aber im Regelfall mindestens für die gesamte Laufzeit eines Wettbewerbs. Aus diesem Grunde lohnt es sich, eine gründliche Marktsondierung vorzunehmen, um einen zum eigenen Unternehmen passenden Dienstleister zu finden. Denn nur mit dem richtigen Partner wird die Investition in einen Verkaufswettbewerb den maximalen Return on Investment bringen.

Ein gute Recherchemöglichkeit bietet das Internet. Suchmaschinen liefern unter den Stichwörtern „Incentive", „Verkaufswettbewerbe" oder „Incentive-Agentur" reichlich Treffer – allerdings ist hier eine sorgfältige Auswahl empfehlenswert, um unseriöse Anbieter von vornherein auszuschließen. Auch etablierte Nachschlagewerke wie das Markenhandbuch oder gängige Fachzeitschriften wie Events, EventPartner oder Tagungswirtschaft können bei der Agentursuche weiterhelfen. Darüber hinaus stellen die regelmäßig eintreffenden Akquise-Mailings und Agenturbroschüren einen ergiebigen Fundus für die Recherche dar.

13.2 Wie sollte das Screening-Verfahren aussehen?

Nach der ersten Recherche stapeln sich in der Regel jede Menge Adressen potenzieller Agenturpartner auf dem Schreibtisch. Um hier nun die Spreu vom Weizen zu trennen, bietet sich für den nächsten Schritt das sogenannte „Screening-Verfahren" an.

Die nachfolgenden **Tipps** geben einen Überblick über ein mögliches Vorgehen:

Zunächst werden die Agenturen ausgesondert, die sich nicht selbst als „Agentur für Verkaufswettbewerbe", „Incentive-Agentur", oder „Motivations-Agentur" bezeichnen. Reine Incentive-Reise-Agenturen, reine Prämiendienstleister, Werbeagenturen, Trainingsinstitute, Lettershops, Geschenkartikel- und Human-Relations- oder Personalvermittler, Reiseveranstalter – all diese Anbieter machen vielleicht auch Incentives, aber sicher nicht „hauptberuflich".

Im nächsten Schritt lohnt sich ein Blick auf die Website der verbliebenen Kandidaten. Hier sollte im Wesentlichen nach Antworten auf die nachfolgenden Fragen gesucht werden: Seit wann ist die Agentur auf dem Markt? Gibt es Spezialgebiete? Wie viele Mitarbeiter arbeiten dort? Welche Philosophie hat das Unternehmen? Erscheint die Darstellung ausgereift und plausibel?

Mit den fünf bis sieben Agenturen, die nach diesem Check als professionell und kompetent erscheinen, sollte ein kurzes Telefoninterview mit dem jeweiligen Geschäftsführer geführt werden. Dabei geht es vor allem um die Klärung der folgenden Fragestellungen: Welche Branchen werden bislang von der Agentur betreut? Wer gehört zum Kundenstamm? Wo liegt der Dienstleistungsschwerpunkt? Wie geht das Team vor, wenn ein neuer Wettbewerb entwickelt werden soll? Gleichzeitig lässt sich bei dieser Gelegenheit überprüfen, ob der Gesprächspartner mit einem auf einer Wellenlänge liegt und ob man sich eine Zusammenarbeit mit ihm vorstellen könnte. Verspürt man schon im ersten Telefonat eine grundsätzliche Abneigung, ist äußerste Vorsicht geboten – denn für eine erfolgreiche Projektarbeit muss die Chemie stimmen!

Anschließend sollten drei bis fünf Agenturen zum persönlichen Gespräch eingeladen werden. Hierbei sollten folgende Punkte abgeklärt werden: Was sind das für Leute? Welchen Background haben sie? Wie gehen sie mit dem Thema Bewertungssystem um? Zudem sollten Arbeitsbeispiele erbeten werden, denn diese geben wertvolle Aufschlüsse über die tatsächliche Praxiserfahrung der Agentur: Wie sehen die Motivationsstrategie und die Bewertungskriterien aus? Stecken in der Kommunikation echte Ideen? Wie sieht die Umsetzung aus, z. B. verständlicher Text und ansprechendes Design bei den Aktionsmitteln? Zu guter Letzt sollte abgeklärt werden, was die eingeladenen Agenturvertreter zu dem geplanten Incentive-Anliegen des Unternehmens zu sagen haben – ob sie hier beispielsweise mit kompetenten Ratschlägen, konstruktiver Kritik oder alternativen Vorschlägen aufwarten können.

Am Ende bleiben zwei oder drei Agenturen übrig. Für den finalen Test der Etat-Aspiranten gibt es zwei Möglichkeiten. Entweder man lädt zum „Pitch" ein: Bei dieser Konkurrenzpräsentation entwickelt jede Agentur ein Konzept für den geplanten Wettbewerb und stellt es vor. Oder man veranstaltet einen Workshop, bei dem die Mitarbeiter des eigenen Unternehmens gemeinsam mit der Agentur eine Lösung entwickeln.

Grundsätzlich gilt: Die Auswahl des passenden Agenturpartners kostet Zeit. Diese sollte man aber auf jeden Fall investieren, denn die mit dem Screening-Verfahren verbundene Sorgfalt zahlt sich später beim Wettbewerb in Euro und Cent aus!

13.3 Briefing-Fragebogen zum Thema Verkaufswettbewerb

1   Zielgruppe

1.1   Wer ist Zielgruppe? Anzahl?

Soziodemografische Daten

Betriebszugehörigkeit

Wie ist die Stimmung in der Zielgruppe, im Unternehmen?

Gab es kürzlich Umstrukturierungen bzw. stehen welche an?

1.2   Organigramm der Vertriebseinheiten

1.3   Sind einzelne Teile der Organisation in z. B. regionalen Teams zusammengefasst?

Wie weit verstehen sich diese tatsächlich als Team?

Wie oft sehen sich die Teilnehmer einer Region und national?

1.4   Wie wird der Vertrieb bzw. die Region geführt?

Können die Führungskräfte mit integriert werden?

1.5   Welche Rolle spielt das Key Account Management?

2	Zielsetzungen
	Welche Ziele werden mit dem Incentive verfolgt (je Zielgruppe)?
2.1.	Quantitative Ziele (Umsatz, Neukunden, Absatz, Distribution, Kontakte, Platzierung etc.)
2.2	Qualitative Ziele (Kundenzufriedenheit, Wissensvermittlung etc.)
2.3	Lassen sich Ziele pro Mitarbeiter, Team und Produkt definieren?
	In welchem Detailgrad?
	Auf Produktebene
	Jahres-, Monats-, Tagesziele
2.4	Was ist der wichtigste Aspekt für Sie als Unternehmen?
2.5	Wie fügen sich die Ziele in die allgemeinen Ziele des Unternehmens bzw. der Zielgruppe ein?

3	Gewinner
	Können/Sollen die verschiedenen Zielgruppen an einem einzigen Wettbewerb teilnehmen? Sprich, haben alle z. B. eine Jahresvorgabe und die prozentuale Zielerfüllung zählt oder werden in jedem Bereich Gewinner gekürt?

4	Verkauf
	Wie können wir uns den Verkaufsprozess vorstellen (je Zielgruppe)?
4.1	Wie läuft ein typischer Kundenbesuch ab?
4.2	Wie viele Kunden werden am Tag, in der Woche besucht?
4.3	Wie kommt die Ware zum Kunden?
4.4	Wie ist das Verhältnis der Zielgruppe zum Kunden?
4.5	Welcher Zeitraum vergeht vom Erstkontakt bis zum Abschluss?

5	Datenfluss
5.1	In welchen Zeitintervallen liegen die einzelnen Verkaufsdaten pro Mitarbeiter bzw. Team vor (täglich, wöchentlich, monatlich)? Und mit welchem zeitlichen Versatz?
5.2	Wie, wo und in welcher Form liegen diese Daten vor?
	Gibt es Schnittstellen?

Wo erfolgt die Berechnung der Ergebnisse (Punkte, Rangliste etc.), intern oder extern bei der Agentur?

6   Medien/Kommunikation

6.1   Verfügen die Teilnehmer über einen Internetzugang?

Gibt es ein Intranet oder Extranet?

6.2   Sind die Teilnehmer per E-Mail zu erreichen?

6.3   Gibt es eine Mitarbeiterzeitung, eine Info-Mitteilung für diese Zielgruppe?

In welchen Intervallen erscheint diese?

6.4   Wie oft treffen sich die Teilnehmer zu z. B. regionalen Meetings?

Gibt es hierzu spezielle Meetingräume in den Niederlassungen?

6.5   Welche sonstigen Meetings/Tagungen etc. gibt es bzw. sind geplant?

6.6   Dürfen die Teilnehmer über die Privatanschrift Informationen rund um die Aktion erhalten?

6.7   Wie darf die Aktionstonalität gehalten sein:
   - förmlich
   - locker
   - frech, witzig, sehr locker

7   Was sind die Menschen gewohnt?
Gab es schon Aktionen dieser Art? Wenn ja, welche, mit welchen Prämien etc.?

8   Gewünschte Prämien
   - Sachprämien
   - Individualreisen/Wochenendarrangements
   - Erlebnisse/Teamerlebnisse
   - Gutscheine
   - Eigenprämien/Merchandisingartikel
   - Incentive-/Gruppenreise

8.1   Erhalten alle Teilnehmergruppen die gleiche Prämienauswahl?

9 **Budget**

9.1 Wie hoch ist das Prämienbudget?

9.2 Wie hoch ist das Budget für die Kommunikation?

9.3 Versteuerung:

Wer trägt (bei B2B-Zielgruppen) die Versteuerung des durch die Prämie anfallenden geldwerten Vorteils?

- Der Prämienempfänger selbst
- Der Incentive-Geber
  - via Individualversteuerung (ggf. über den Arbeitgeber d. Empfängers)
  - via Pauschalversteuerung nach § 37 b EStG
- Wie erfolgt die Benachrichtigung über den geldwerten Vorteil?
- Durch Sie als Incentive-Geber
- Durch Agentur (Steuermailing, Steuerlisten, Lieferschein)

10 **Parallel-Maßnahmen**

Gibt es ähnliche Motivationsmaßnahmen, die parallel zu dieser laufen?

11 **Rote Tücher**

Welche Dinge sind in Ihrem Unternehmen absolut untersagt?

Stichwortverzeichnis

Hauptwertung 22, 77, 79, 80, 86
Hierarchien 30, 143

I

Incentive-Agentur 97, 174, 175
Incentive-Reisen 26, 98, 125, 152, 157,
    164, 166
Incentives 13, 154 ff.
Innendienst 34 ff.
internationale Wettbewerbe 83 ff.
intrinsische Motivation 31, 75

K

Kommunikationsmaßnahmen 91 ff.
Kosten-Nutzen-Analyse 26, 28, 146 ff.
Kundendienst 15, 30, 36, 43, 125

L

Laufzeit 89 ff.
Leasinggesellschaft 95
Logistikdienstleister 35

M

Managertool 143
Mehrleistung 21, 49, 57 ff., 73, 79, 81,
    82, 87, 94, 125, 133, 148
Mineralöl-Konzern 39, 148
Mobilfunk-Provider 71
Momentbetrachtung 27, 28
Motivation 15 ff.

O

offenes System 61

P

Pareto-Prinzip 52 f.

Performance-Rechner 112
Pharma-Unternehmen 32
Prämien 13, 154 ff.

Q

Qualifikationsmaßnahmen 125 ff.

R

Restaurant-Gesellschaft 63

S

Schulungsmaßnahmen 125 ff.
Standardabweichung 60, 84, 86
Strafgesetzbuch 167, 172

T

Teamwettbewerb 17, 32, 34, 43, 45, 92,
    123, 134
Telefon-Verkauf 30
Telekommunikation 16, 71, 85
Telesales 30, 36
Top-Club-Systeme 87

U

Umsatzsystem 66, 87, 131, 132

V

Versicherungsgesellschaft 131

W

Website 110 ff.
weiche Zielsetzungen 24

Z

Zieldefinition 22 ff.
Zielerreichungssystem 67 f.

▌ DANKE ▐

In den letzten 25 Jahren haben mir viele Menschen geholfen, mein Wissen über Incentives und Motivation zu erwerben und immer wieder zu erweitern. Auf der einen Seite waren das unendlich viele Kollegen und noch viel mehr Kunden, die mich mit tollen Projekten immer wieder vor neue Herausforderungen gestellt und mich auf neuen Ideen und Gedanken gebracht haben – und auf der anderen Seite waren es Freunde und meine Familie, die mir mit Rat und Tat zur Seite standen.

Ganz besonders möchte ich mich bedanken bei:

Andreas Leonhard, Ann-Christin Zilling, Birgit Hüttner, Carola Graf, Christian Aubry, Christian Schmitz, Christopher Jung, Claudia Wallschus, Dirk Göbel, Dirk Schwartz, Frank Heckert, Günter Bub, Hanne Kurz, Heike D. Schmitt, Helmut Muschalla, Holger Weidenbach, Jan Rogozinski, Janet Zschieschang, Jean-Michel Pallinger, Jens Hölper, Jens von Ebbe, Jonas Marius Bub, Kai Henschen, Karin Bub, Karin Dukic, Klaus Sanzenbacher, Leopold Auer, Manfred J. Kunz, Manfred Krausch, Marc Nägel, Markus Salz, Martha Feldkamp, Martin Franta, Matthias Mürer, Michael Hungenberg, Nadine Ulmrich, Olaf Striboll, Peeder Opecta, Petra Brunnhuber, Rainer Schnaufer, Ralf Dressel, Raoul Fischer, Renate Henze, Sabine Eggers, Sandra Nägel, Soto Asimakopoulus, Stefan Zipperer, Stephan Kaul, Stephan Schäfer-Mehdi, Tanja Schade, Thomas Kraus, Thomas Müller, Tina Jerig-Gründler, Uwe Albert, Uwe Riechert, Volkmar Strauch.

Und natürlich bei Carola Holtermann, denn ohne sie wäre dieses Buch nie entstanden!

▎ÜBER DEN AUTOR ▎

Holger J. Bub, Jahrgang 1965, begann nach Abschluss seines Studiums als Marketing- & Kommunikationswirt an der Akademie für Marketing Kommunikation in Frankfurt seine berufliche Laufbahn im Incentive-Business bei der Agentur Gemadi, wo er in elf Jahren vom Trainee zum Geschäftsführer aufstieg.

1998 folgte mit der Gründung der Quasar Consult GmbH der Schritt in die Selbstständigkeit. Die Agentur für Motivation, Qualifikation & Kommunikation fusionierte im folgenden Jahr mit ComStart, einer Event- & Promotion-Agentur, und wurde unter den drei Geschäftsführern Holger J. Bub, Andreas Leonhard und Holger Weidenbach zu Quasar Communications.

Heute inszeniert Quasar als Agentur für Verkaufsförderung, Incentives und Loyalitätsprogramme Kommunikationslösungen für viele namhafte Markenartikel- und Dienstleistungsunternehmen aus den unterschiedlichsten Branchen. Mit einem Jahresumsatz von 30 Millionen Euro in 2006 zählt die Wiesbadener Agenturgruppe zu den führenden Anbietern in ihrem Segment. Im Herbst 2007 betrat die Quasar mit dem Anschluss an das weltweite Netzwerk von Edenred (ehemals Accor Services) das internationale Marketing-Services- und PrePaid-Parkett. Quasar ist heute Teil der deutschen Niederlassung von Edenred, einem weltweit führenden Spezialisten für maßgeschneiderte PrePaid-, Loyalty-, Incentive- und Motivationssysteme.

Holger J. Bub ist verheiratet und hat einen Sohn. Privat entspannt der Weinfanatiker gern bei einem guten Tropfen aus seinem Weingut www.Ankermuehle.de im Rheingau.

Kontakt:
Quasar Communications GmbH | Holger J. Bub
Friedrich-Bergius-Straße 15-17 | 65203 Wiesbaden
E-Mail: hjb@quasar.de | Internet: www.quasar.de